Manfred Höfler, Dietmar Bodingbauer, Hubert Dolleschall, Franz Schwarenthorer u.a.

Abenteuer Change Management

Manfred Höfler, Dietmar Bodingbauer, Hubert Dolleschall, Franz Schwarenthorer u.a.

Abenteuer Change Management

Handfeste Tipps aus der Praxis für alle, die etwas bewegen wollen

Frankfurter Allgemeine Buch

Bibliografische Informationen der Deutschen Nationalbibliothek
Die Deutsche Nationalbibliothek verzeichnet diese Publikation
in der Deutschen Nationalbibliografie; detaillierte bibliografische
Daten sind im Internet über http://dnb.d-nb.de abrufbar.

Manfred Höfler, Dietmar Bodingbauer, Hubert Dolleschall,
Franz Schwarenthorer u.a.
Abenteuer Change Management
Handfeste Tipps aus der Praxis für alle, die etwas bewegen wollen

F.A.Z.-Institut für Management-,
Markt- und Medieninformationen GmbH
Mainzer Landstraße 199
60326 Frankfurt am Main
Geschäftsführung: Volker Sach und Dr. André Hülsbömer

3. Auflage
Frankfurt am Main 2012

ISBN 978-3-89981-242-8

Frankfurter Allgemeine Buch

Copyright   F.A.Z.-Institut für Management-,
             Markt- und Medieninformationen GmbH
             60326 Frankfurt am Main

Copyright
Cartoons   ICG Integrated Consulting Group

Gestaltung
Umschlag/Satz   F.A.Z., Verlagsgrafik
Satz Innen   Anja Desch
Cartoons   Michael Unterleitner (Much)
Druck   Messedruck Leipzig GmbH, An der Hebemärchte 6, 04316 Leipzig

6

DER THEORETIKER

DER PASCHA

DER HARMONIESÜCHTIGE

DER TECHNOKRAT

DER STANDARDISIERER

DER PIONIER

DER GÄRTNER

DER FÄDENZIEHER

DER COWBOY

DER DIY-MAN

DER BEOBACHTER

DER ASPHALTIERER

Jeder von uns ist an gewollten oder ungewollten Veränderungen beteiligt –
als Gestalter, als Betroffener oder einfach irgendwie.

Machen Sie eine kleine Übung, die Ihnen hilft, ein klares Bild von Ihrer Change-Situation zu bekommen. Dabei kann es sich um eine ganz persönliche Veränderung handeln. Oder Sie initiieren ein Change-Vorhaben in Ihrer Funktion als Führungskraft, oder aber es ist eine Veränderung, in der Sie einfach mittendrin stecken. Nehmen Sie dazu ein Blatt Papier und halten Sie Ihre wichtigsten Gedanken zu folgenden Fragen fest:

Welches Umfeld gibt es? Welche Dynamiken, Kräfte und Beziehungen wirken in diesem Feld? Was ist gut, so wie es ist, und wer zieht Vorteile daraus? Woher kommen die Impulse, dass die Zukunft anders sein sollte als die Gegenwart?

....

....

....

1. Wo findet die Veränderung statt?

Als Erstes benennen Sie das relevante System der Veränderung. Worum geht es? Um mich? Eine spezifische Abteilung oder das Unternehmen insgesamt? Eine besondere Gruppe? Eine Community? Beschreiben Sie vor allem auch die Grenzen, innerhalb derer die Veränderung stattfindet.

....

....

....

2. Wie stellt sich die Ausgangslage dar?

Wenn Sie aus einer Helikopter-Perspektive auf den von Ihnen festgelegten Bereich schauen: Wie lassen sich Stärken und Schwächen der Situation beschreiben?

3. Wie könnte ein Sollzustand aussehen?

Wenn Sie sich in den vom Initiator der Veränderung (das können Sie oder andere sein) angedachten Wunschzustand versetzen, wie lässt sich dieser beschreiben? Stellen Sie sich einen Tag, eine Woche in diesem künftigen Zustand vor: Wie laufen das Leben, die Prozesse darin ab? Welches Verhalten erkennen Sie an sich und an anderen? Oder malen Sie einfach ein Bild des Wunschzustandes. Beschreiben Sie auch, was Ihnen an diesem Bild gefällt und was Unwohlsein auslöst.

....

....

....

4. Wo stehe ich innerhalb des Veränderungsprozesses?

Schauen Sie von oben auf Ihre Situation und stellen Sie sich folgende Fragen? Wo finde ich mich in der Ausgangslage, wo im Zukunftsbild? Mit welchen Menschen und Aufgaben bin ich verbunden? Welche unterschiedlichen Positionen sehe ich für mich im beschriebenen Zukunftsbild?

5. Was spüre ich in mir, wenn ich in mich hineinhöre?

Richten Sie Ihren Blick auf Ihr Inneres und beschreiben Sie Ihre persönlichen Gefühle: Was bei dieser Veränderung treibt mich an, wo verspüre ich Lust mitzugestalten? Wo kommen Ängste oder Unsicherheit hoch? Was hält mich davon ab, loszulegen oder mitzumachen?

6. Wie stelle ich mir den Veränderungsprozess vor?

Ich schaue auf die Differenz zwischen Ist- und Sollzustand und überlege, wie der Übergang und die Entwicklung gestaltet werden könnten. Welche Vorstellungen entstehen? Wie lange dauert der Prozess? In welche Phasen könnte er strukturiert werden? Braucht es Vorbereitung, Analysen, Konzepte oder andere wichtige Schritte? In welchem Rhythmus könnte der Prozess ablaufen? Zuerst langsam, dann schnell, oder umgekehrt? Oder gleichmäßig getaktet? Zeichnen Sie eine erste kleine Landkarte mit angedachten Ereignissen und möglichen Meilensteinen auf Ihrem Weg vom Ist- zum Sollzustand. Bedenken Sie dabei, dass es ein erster Entwurf ist, der Orientierung gibt, und dass der Prozess sicher nicht genau so passieren wird, wie Sie ihn entwerfen.

7. Was ist die Essenz, worum geht es wirklich?

Lesen Sie in Ruhe Ihre Beschreibung durch und lassen Sie die Ergebnisse wirken. Vielleicht machen Sie einen kurzen Spaziergang, holen sich einen Kaffee oder wechseln einfach die Perspektive. Dann versuchen Sie die folgenden Fragen zu beantworten: Was ist der Kern des Veränderungsvorhabens? Was ist das zentrale Motto? Wo liegen der Knackpunkt des Erfolges beziehungsweise die Gefahren eines möglichen Scheiterns?

9

8. Wer sind meine Verbündeten?

Veränderungen alleine umzusetzen ist schwierig. Halten Sie fest, wer Ihnen bei der Umsetzung helfen kann. Wer hat Interesse an der Entwicklung, wer hat Macht, etwas zu bewegen? Wo sind die größten Widerstände zu erwarten? Mit wem können Sie sich zusammentun, damit eine kraftvolle Energiequelle entsteht?

....

....

....

9. Was gibt es als Erstes zu tun?

Nehmen Sie ein neues Blatt Papier und schreiben Sie eine erste Aktivitätenliste: Was ist zu tun, um die Veränderung zu starten, einer laufenden Veränderung eine neue Richtung zu geben oder einfach sich selbst in den Prozess aktiv einzubringen? Schreiben Sie die To-do-Liste für die nächsten zwei bis drei Wochen. Mit wem muss ich worüber reden? Welche konkreten Entscheidungen stehen wann an? Was muss ich, was sollen andere in meinem Auftrag tun? Vorsicht ist geboten vor zu langen Listen, die bereits den Kern des Scheiterns beinhalten. Reservieren Sie in Ihrem Kalender Zeiten, an denen Sie die geplanten Aktionen umsetzen wollen.

....

....

....

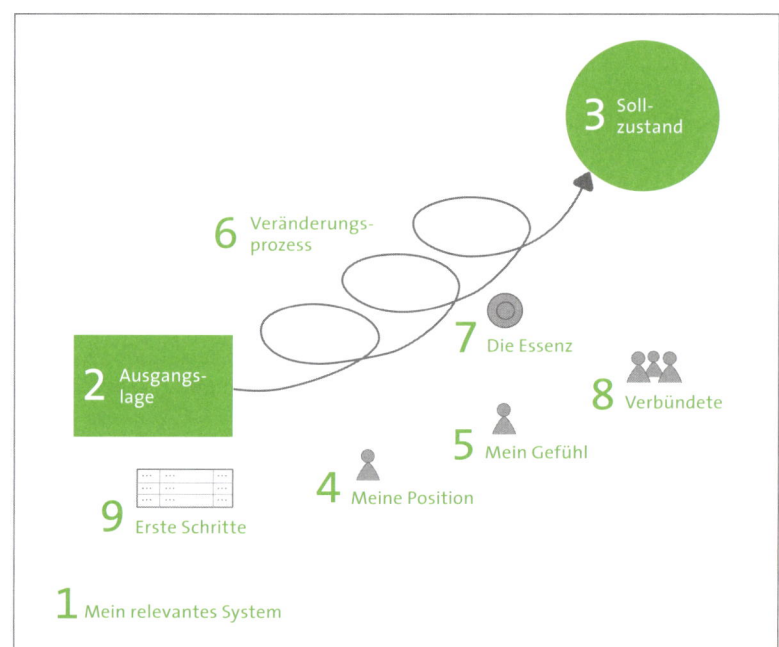

Vergleiche hinken

Zum Arzt kam ein Schuster, der unter starken Schmerzen litt und dem Tode nahe schien. Der Arzt gab sich Mühe, fand aber kein Rezept, das noch hätte helfen können. Ängstlich fragte der Patient: „Gibt es nichts mehr, was mich retten kann?" Der Arzt antwortete: „Ich kenne leider keine anderen Mittel." Darauf antwortete der Schuster: „Wenn nichts mehr hilft, dann habe ich zum Schluss noch einen Wunsch. Ich möchte einen Eintopf mit zwei Kilo dicken Bohnen und einem Liter Essig." Der Arzt hob resigniert die Schultern: „Ich halte nicht viel davon, aber wenn Sie meinen, können Sie es versuchen." Die Nacht über wartete der Arzt auf die Todesnachricht. Am nächsten Morgen aber war der Schuster zu seinem Erstaunen quicklebendig und gesund. So schrieb er in sein Tagebuch: Heute kam ein Schuster zu mir, für den es kein Mittel mehr gab. Aber zwei Kilo Bohnen und ein Liter Essig haben ihm geholfen. Kurze Zeit darauf wurde der Arzt zu einem schwerkranken Schneider gerufen. Auch in diesem Fall war er am Ende seiner Kunst. Als ehrlicher Mann gestand er dies dem Schneider ein. Der bettelte: „Wissen Sie nicht doch noch eine andere Möglichkeit?" Der Arzt dachte nach und sagte: „Nein, aber vor nicht allzu langer Zeit kam ein Schuster zu mir, der unter ähnlichen Beschwerden litt wie Sie. Ihm halfen zwei Kilo Bohnen und ein Liter Essig. „Wenn nichts mehr hilft, werde ich dies halt versuchen", antwortete der Schneider. Er aß die Bohnen mit Essig und war am nächsten Tag tot. Daraufhin schrieb der Arzt in sein Tagebuch: Gestern kam ein Schneider zu mir. Ihm war nicht zu helfen. Er aß zwei Kilo dicke Bohnen mit einem Liter Essig und er starb. Was für die Schuster gut ist, ist nicht gut für die Schneider.

(aus „Der Kaufmann und der Papagei" von Nossrat Peseschkian)

Für ein wirkungsvolles Change Management gibt es keine allgemeingültigen Rezepte. Jede Führungskraft muss ihren eigenen Weg finden. M. Gandhi beschrieb diesen Weg so: „Wir selbst müssen die Veränderung sein, die wir in der Welt sehen wollen."

Unser Buch soll Anregungen und hilfreiche Werkzeuge liefern, sich auf dieses persönliche Abenteuer einzulassen.

„Abenteuer Change Management" bietet Hilfe für alle, die mit Veränderungen zu tun haben. Ob es um eine organisatorische Umstellung in einer kleinen Abteilung geht oder um einen umfassenden Transformationsprozess, die Kenntnis der Grundregeln des Change Managements hilft, Fehlschläge zu vermeiden.

Sie sind ein erfahrener Change-Profi und suchen neue Impulse

Schmökern Sie durch das Buch, suchen Sie Anregungen und auch Widersprüche zu Ihren Gedanken, diskutieren Sie Ihre Erfahrungen mit uns: www.ICG-blog.com.

Ein Veränderungsprojekt steht an und Sie wollen es besser machen

Überlegen Sie, wo die Herausforderungen liegen werden. Suchen Sie gezielt in diesen Kapiteln nach neuen Ideen und übersetzen Sie diese auf Ihre Situation.

Es ist Sand im Getriebe – wie kann es weitergehen?

Stöbern Sie nach Antworten auf die Frage, warum die Widerstände stärker werden oder warum sinnvolle Vorhaben im Sand verlaufen. Holen Sie mit den passenden Erkenntnissen und Tipps neuen Schwung.

Sie sind ein Betroffener, „die da oben" wollen Sie verändern

Steigen Sie an irgendeiner Stelle ins Buch ein, die Ihnen passend erscheint. Machen Sie sich schlau und werden Sie zum kompetenten Sparringspartner Ihres Managements.

Ein heikles Meeting steht an, es geht um das Thema Change

Bringen Sie Ihre Mitarbeiter mit einem oder mehreren der Cartoons zum Schmunzeln. Lösen Sie die Spannung und packen Sie so die heißen Themen an.

Sie suchen einen Berater für Ihr Change-Vorhaben

Fragen Sie die Berater, was sie von einzelnen Themen des Buches halten. Skepsis ist angebracht, wenn die Berater die Dinge ablehnen, aber auch wenn sie sie als selbstverständlich hinnehmen.

Sie können das Wort Change Management nicht mehr hören

Legen Sie das Buch wieder weg. Versuchen Sie erst zu ergründen, welche Erfahrungen Ihnen die Lust geraubt haben. Suchen Sie sich dann Impulse, wie Sie mit dem Thema konstruktiv umgehen können.

13

Viele Veränderungen misslingen. Das ist kein Wunder. Denn die Gründe, warum alles so bleiben soll, wie es ist, sind vielfältig und im Unternehmensalltag häufig spürbar.

1. Der aktuelle Zustand ist komfortabel

Niemand verändert sich gerne ohne Grund. Solange wir Menschen den aktuellen Zustand nicht als gefährdet ansehen, lassen wir uns nicht auf neues, unsicheres Terrain ein. Oft haben wir die Gefährdung zwar im Kopf schon erkannt (siehe Klimawandel), sind aber emotional noch nicht betroffen (die Unwetterkatastrophen sind weit weg).

2. Die Unternehmenskultur ist ein Gefängnis

Neue, engagierte Top-Manager kommen in ein kriselndes Unternehmen und das meiste bleibt trotzdem, wie es ist. Die Unternehmenskultur, das heißt die ungeschriebenen Gesetze, bestimmt die Veränderungsmöglichkeiten: Was wird belohnt, was wird bestraft und wie erklärt man sich die Welt? Da haben Neue wenig Chancen, gegen die Kultur zu arbeiten – es sei denn, sie zerschlagen alles.

3. Es fehlt an glaubwürdiger Führung

Viele Führungskräfte verlangen von ihren Mitarbeitern Neues, verhalten sich selbst aber wie bisher. Manche haben nur die eigene Karriere und die eigenen Ziele im Kopf und erwarten gleichzeitig, dass sich ihre Mitarbeiter auf für sie unsichere Neuerungen einlassen.

4. Menschen wollen nicht Objekt sein

Die meisten Menschen unseres Kulturkreises wollen ihr Schicksal selbst in der Hand haben, mitentscheiden können und nicht Objekt anonymer Pläne sein. Keiner erwartet Beteiligung bei Themen, die weit weg sind. Aber wenn es um die eigene Arbeit geht, möchte man gefragt und beteiligt werden. Oder man schaltet drei Gänge zurück beziehungsweise leistet Widerstand.

5. Das Loslassen fällt am schwersten

Menschen haben nicht Angst vor Neuem, sondern fürchten sich, von Bekanntem loszulassen. Zum Beispiel wenn eine Restrukturierung ansteht: Wem fällt es leicht, Abschied zu nehmen, ohne Halt dazustehen, die Sicherheit des gewohnten sozialen Umfeldes aufzugeben? Die Agenten der Veränderung reden nur über das Neue, aber keiner hilft beim Loslassen.

6. Die Interessen unterscheiden sich

Viele Change-Botschaften gehen ins Leere. Der Sender (z. B. der Vorstand) möchte Kosten senken, um den Unternehmenswert zu steigern. Die Empfänger (Menschen, die sich deshalb verändern sollen) wollen eine stabile Arbeit, ein sicheres Einkommen und eine spannende Aufgabe. Ein klassischer Fall von Interessenkonflikt.

14

7. Das Neue ergibt keinen Sinn

Von Managern präsentierte Powerpoints über geplante Veränderungen sprechen von „World Class, Service Champion, Global Leaders, Best in Business" oder Ähnlichem. Aber niemand erklärt den Betroffenen den Sinn der Veränderung und beschreibt, wie eine attraktive Zukunft aussehen kann. Menschen sollen sich voller Energie verändern. Aber wer engagiert sich gerne für Sinnloses?

8. Ich will nicht weh tun

Harmoniesucht und Abhängigkeiten sind die größten Feinde sinnvoller Veränderungen. Wer will schon gerne anderen und damit auch sich selbst weh tun? Weil er mein Freund ist, kann ich ihn nicht als Führungskraft ablösen, weil ich ihr meinen Job verdanke, muss ich ihr auch weiterhelfen. Weil er den Job vor fünf Jahren so gut gemacht hat, will ich ihn nicht kritisieren. Und damit bleibt vieles so, wie es ist.

9. Alles ist instabil

Die Zeiten, in denen Unternehmen beziehungsweise die öffentliche Verwaltung nach großen Veränderungen wieder in mehrere Jahre stabilen Zustands kamen, sind vorüber. Märkte, Technologien, Werte sind in Bewegung. Zwei negative Reaktionen: hektischer Aktionismus oder abwarten und sich selbst kaum bewegen. Beide Muster verhindern notwendige Entwicklungen.

10. Festhalten an der eigenen Welt

Viele Menschen leben in ihrer eigenen Welt und wollen diese möglichst aufrechterhalten. Drei Beispiele: Lehrer haben nach zwölf Jahren Schule und fünf Jahren Studium keine andere Arbeitswelt erlebt; Top-Manager kommunizieren nur unter ihresgleichen und nicht mit „normalen Arbeitern"; mitteleuropäische Führungskräfte erleben die rasanten Entwicklungen in China und Indien nur in Urlaubshotels.

11. Ängste bestimmen das Verhalten

Ängste sind etwas zutiefst Persönliches und haben im harten Wirtschaftsleben keinen Platz. Dennoch bestimmen sie stark unser Verhalten, wenn es um Veränderungen geht – seien es Existenzängste, den Job zu verlieren, die Angst vor Überforderung (kann ich das?), die Angst vor dem Identitätsverlust (bin ich künftig noch gewollt?) oder die Angst vor dem Verlust der sozialen Umgebung (mögen mich die neuen Kollegen?).

12. Das Tagesgeschäft dominiert alles

Die meisten Manager verbrauchen ihre ganze Energie für das Abarbeiten der täglichen Herausforderungen. Sie lösen Probleme und davon gibt es genug. Für notwendige Reflexion und strategische Zukunftsarbeit bleibt am Ende des Tages keine Zeit.

15

Warum Change Management?

Unternehmen passen sich im „Normalzustand" laufend und kontinuierlich an die sich verändernden Anforderungen seitens des Marktes an (technologische Entwicklungen, Bedürfnisse, Wettbewerber, Kosten-/Preisdruck etc.). Diese laufende Entwicklung ist eine der Kernaufgaben des Managements.

Dabei kommt es darauf an, auch schwache Signale vom Markt zu erkennen und entsprechend zu reagieren. Denn ein aktueller Geschäftserfolg ist keine Garantie dafür, auf dem richtigen Weg zu sein. Das klassische Controlling bietet meist nicht die richtigen, zukunftsorientierten Indikatoren. Es besteht das Risiko, Wettbewerbsvorteile „schleichend" zu verlieren.

16

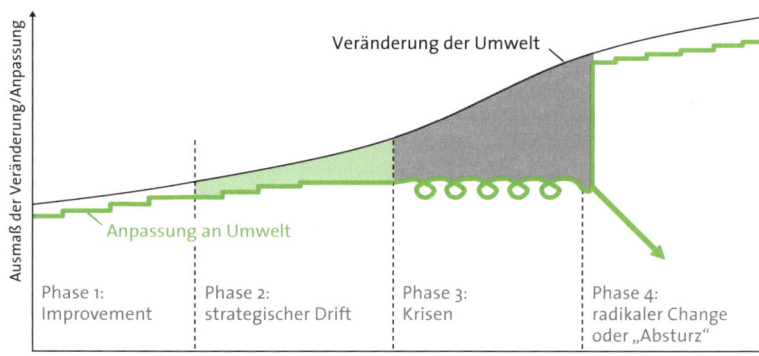

Quelle: Gerry Johnson: „Exploring Corporate Strategy"

Das in der Abbildung beschriebene Modell macht diese Situation deutlich. Die Umwelt (schwarze Linie) entwickelt sich fortlaufend

mehr oder weniger dynamisch. Das fitte Unternehmen (grüne Linie) kann mit den Umfeldentwicklungen Schritt halten oder diese sogar mitbestimmen (Phase 1). In der Phase 2 gelingt es dem Unternehmen nicht mehr, der Umfeldentwicklung zu folgen. Der strategische Drift beginnt. Aber keiner merkt es. Die Zahlen des Controlling sind noch gut, schwache Signale werden nicht erkannt. In Phase 3 kommt das Unternehmen ins Schleudern: Radikale Veränderungen stehen an, entweder um wieder auf Kurs der Umwelt zu kommen oder aber um aus den „Trümmern" etwas Neues zu schaffen.

Change Management ist ein bewusst gestalteter Eingriff in den laufenden Betrieb des Unternehmens, um den Kurs zu halten, zu korrigieren oder neue Chancen zu ergreifen. Die Aufgabe des Managements ist es, Chancen und Risiken aus internen und externen Entwicklungen zu erkennen und erforderliche Veränderungsprozesse zu starten. Je nach Auslöser und Ausmaß der Veränderung unterscheiden wir zwischen kontinuierlichen Verbesserungen – als gesteuert ablaufender Prozess – und „radikalen" Veränderungsprojekten.

Typische Situationen, in denen „radikale" Veränderungen der Organisation notwendig oder möglich sind:
• Aufbau neuer Geschäfte beziehungsweise Bereiche oder starkes Wachstum
• Notwendigkeit einer Restrukturierung (z. B. wegen schlechter Performance, Änderung der Eigentümerstruktur)
• Änderung der Strategie/Positionierung/Erfolgsfaktoren
• Starke Veränderungen der Umwelt, der Branche, der Kundenbedürfnisse
• Krise in der Übergangsphase (z. B. Ende der Pionierphase)
• Neue Ambitionen des Top-Managements

Der Change-Prozess

Erfolgreiche Change-Prozesse folgen immer einer Dreier-Logik:

1. Schaffen eines gemeinsamen Verständnisses der Ausgangslage: „Warum sollen wir uns verändern?"
2. Entwickeln eines attraktiven Zukunftsbildes beziehungsweise eines lebensfähigen Sollzustandes: „Wohin sollen wir uns entwickeln?"
3. Ausarbeiten eines maßgeschneiderten Weges, um die Organisation und ihre Menschen vom Ist zum Soll zu führen.

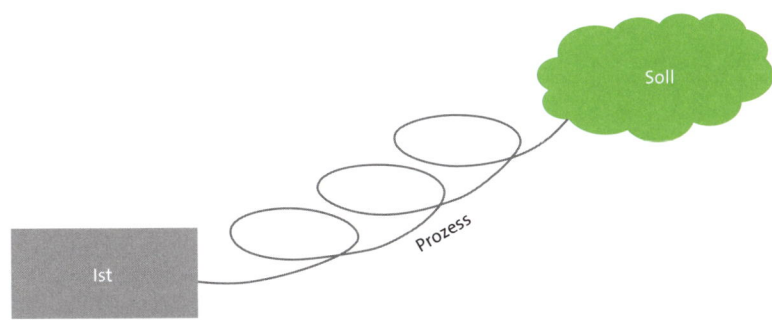

Solche Prozesse laufen niemals linear ab. Entwicklungen passieren immer in Schleifen, sie erfordern laufende Beobachtungen, Kurskorrekturen und ein ganzheitliches beziehungsweise systemisches Organisationsverständnis. Dieses Verständnis steht oft im Widerspruch zur klassischen Managementwelt, die an lineare Planung, Ursache-Wirkungs-Zusammenhänge und an die Beherrschbarkeit von Veränderungen glaubt. Schon vor 15 Jahren sagte Peter Senge: „You can't drive change" und trotzdem werden viele Change-Vorhaben noch immer wie technische Projekte aufgesetzt, oder es wird versucht, Veränderung von menschlichem Verhalten mit betriebswirtschaftlichen Methoden zu steuern.

Change inside & outside the skin

Erfolgreiche Veränderungsprozesse brauchen eine ausgewogene Aufmerksamkeit sowohl auf sichtbare Themen wie Strukturen, Prozesse, Systeme usw. – wir nennen das „outside the skin" – als auch auf nicht so einfach sichtbare Themen wie Verhalten, Glaubenssätze, Erfolgsannahmen usw. – das nennen wir „inside the skin".

Strukturen oder Prozesse sind nur umsetzbar, wenn die Beteiligten berührt und wirklich betroffen sind. Persönliche Entwicklungen und Übergänge folgen der Logik der Psyche. Diese gehorcht ganz anderen Gesetzen als die Logik kognitiver Prozesse, an der man sich bei der Gestaltung von Strukturen, Strategien oder Managementsystemen orientiert. Wichtig ist, persönliche Übergänge nicht erst bei Vorliegen von neuen Konzepten zu initiieren, sondern beginnend ab der ersten Stunde eines Veränderungsprozesses. Das heißt, Entwicklungen „inside & outside the skin" müssen synchron geplant und betrieben werden.

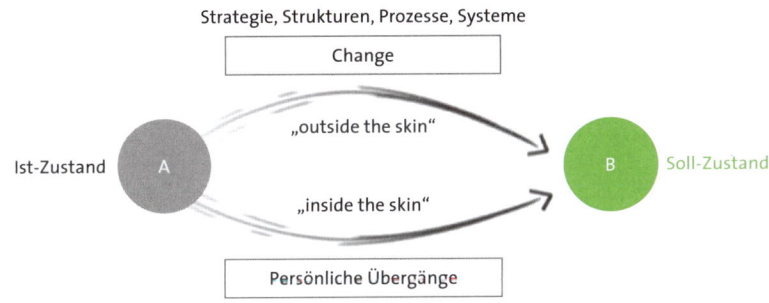

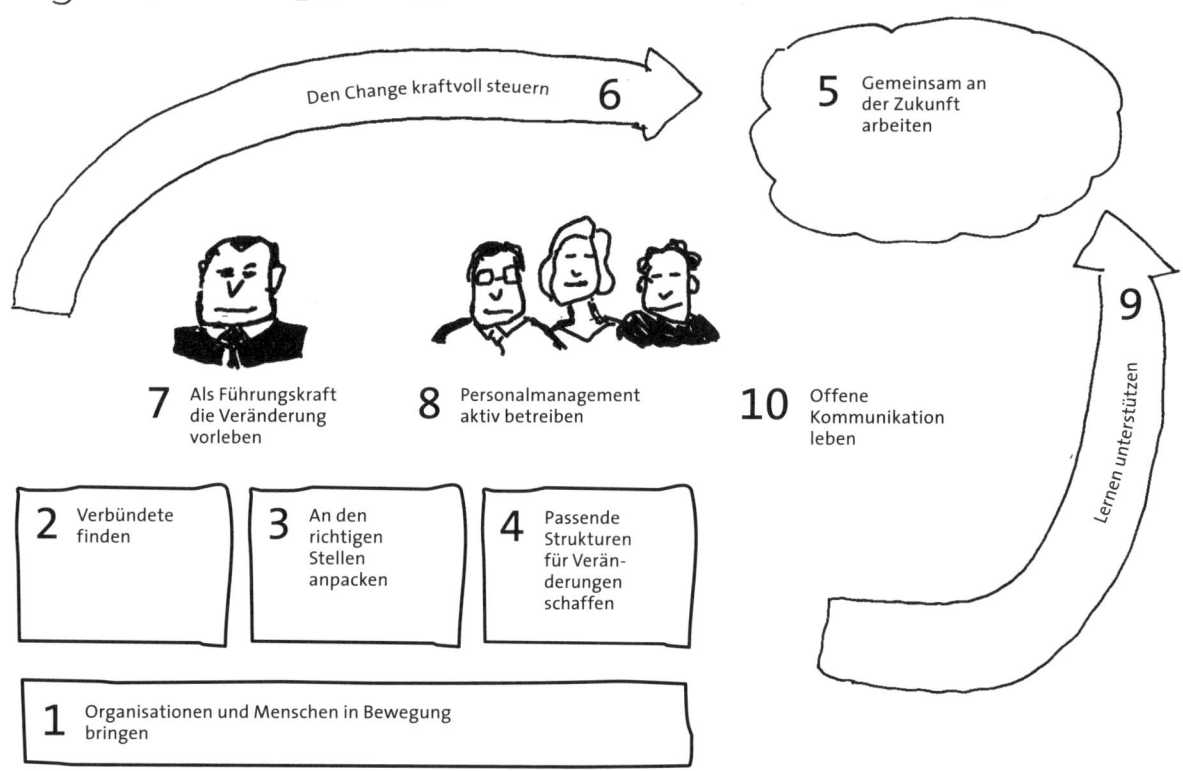

DIE 10 FELDER DES CHANGE MANAGEMENTS

Den Change kraftvoll steuern **6**

5 Gemeinsam an der Zukunft arbeiten

7 Als Führungskraft die Veränderung vorleben

8 Personalmanagement aktiv betreiben

10 Offene Kommunikation leben

9 Lernen unterstützen

2 Verbündete finden

3 An den richtigen Stellen anpacken

4 Passende Strukturen für Veränderungen schaffen

1 Organisationen und Menschen in Bewegung bringen

Das Management von Veränderung ist keine einfache Aufgabe, denn die Situationen, der Kontext und die Phänomene sind vielfältig. Dazu gibt es hunderte Bücher, Modelle, Tools und viele andere Gebrauchsanweisungen.

Um den Überblick zu erleichtern, haben wir uns in diesem Buch für eine ganz spezielle Form entschieden: Unser Scheinwerfer richtet sich auf zehn Themenfelder, die unserer Erfahrung nach die wesentlichen Erfolgselemente im Verlauf eines Change-Prozesses darstellen (siehe auch vorhergehende Seiten).

Für jedes der zehn Themenfelder finden Sie kurze Geschichten, hilfreiche Modelle sowie destillierte Erfahrungen, die Ihnen Denkanstöße oder Erklärungen für Phänomene beim Management von Veränderung geben sollen.

Aus einer Vielzahl von möglichen Aspekten haben wir 80 wesentliche Aspekte beleuchtet. Wir sind überzeugt, Change Management ist eine endlose Reise. Umso mehr wollen wir mit diesem Buch all jene zum Dialog einladen, die sich mit dem Thema erfolgreicher und nachhaltiger Entwicklung beschäftigen.

Mehr als 240 praktische Tipps sollen Ihnen helfen, den einen oder anderen neuen Schritt in Ihrer Change-Praxis zu machen. Und da laut Klaus Doppler: „Change Management heitere Besessenheit erfordert", haben wir gemeinsam mit dem Cartoonisten Michael Unterleitner (Much) eine Übersetzung dieser Impulse versucht:

„Change with a Smile"

1 Organisationen und Menschen in Bewegung bringen

Kaum einer verändert sich gerne, die meisten wollen, dass es so bleibt, wie es ist.

Wirksame Veränderung erfordert auftauen, aufwärmen und startklar machen, bevor es losgeht.

Es geht darum, sich in Kopf und Bauch für den Wandel bereitzumachen.

Sportler, die sich nicht aufwärmen, bekommen einen Muskelriss. Schauspieler, die auf die Bühne stolpern, werden ausgebuht. Paraglider, die ohne Rundumblick einfach loslaufen, bringt die erste Böe zu Fall.

Schwache Signale vom Markt wahrnehmen

Einst herrschte im angesehenen Reich Lydien König Krösus. Es heißt, er habe das Orakel von Delphi befragt, ob er gegen die Perser marschieren solle. Das Orakel in seiner großen Weisheit gab nach einiger Zeit folgende Antwort: „Mach es und du wirst ein mächtiges Reich zerstören." Krösus zeigte sich hocherfreut über die gute Nachricht. Die Vorstellung, das mächtige Reich der Perser mit einer Ermutigung und Garantie des Orakels zu zerstören, beflügelte ihn. Ein fundamentaler Sieg, ein mächtiges feindliches Reich zerstört, König Krösus der Mutige und Siegreiche. Mit diesem Bild zog Krösus hochmütig und siegesgewiss in den Kampf. Es sollte eine vernichtende Niederlage werden. In seinem Wunsch nach einem kolossalen Triumph über seine Feinde, hörte er nur das, was er hören wollte. Was ihm nicht in den Sinn kam, war die Möglichkeit, dass das Orakel auch sein eigenes Reich Lydien gemeint haben könnte.

Was lässt sich aus dieser Parabel lernen? Das menschliche Hirn ordnet neue Informationen den bereits bekannten Mustern zu. So unterscheidet es in der Informationsflut des Alltags Wesentliches von Unwesentlichem. Damit geht jedoch einher, dass wir nur jene Dinge wahrnehmen, auf die wir unsere Aufmerksamkeit richten und die in unser Schema passen. Schwache Signale werden oft übersehen. Obwohl auch die Führer von heute ihre „Orakel" befragen, hören und sehen sie doch nur, was sie hören und sehen wollen – oftmals bis ihnen Hören und Sehen vergeht.

So können trotz guter Ratgeber oder grundsätzlich vorhandener Informationen falsche Schlüsse gezogen werden und Vorhaben scheitern. Die Wahrnehmung entscheidet maßgeblich über die Qualität unserer Entscheidungen und Handlungen.

Tipps

1 Selbstreflexion: Widmen Sie Ihrem eigenen Wahrnehmungsverhalten ausreichend Zeit. Je besser sie Ihre Aufmerksamkeitsfilter kennen, desto eher sind Sie vor verzerrter Wahrnehmung gefeit.

2 Verhältnismäßigkeit: Widmen Sie großen Entscheidungen viel Aufmerksamkeit. Spielen Sie den Advocatus Diaboli und fragen Sie sich, ob es nicht besser sein könnte, es „genau andersherum" zu machen.

3 Mut: Akzeptieren Sie das Phänomen unvollständiger Information. Wenn die verfügbaren Informationen vorliegen und besprochen wurden, seien Sie mutig. Entscheiden Sie in Ruhe, aber mit Bestimmtheit.

25

Eine gemeinsame Wirklichkeit schaffen

Bestimmt kennen Sie die Geschichte vom Elefanten: Ein indischer Fürst ließ einen Elefanten in einen dunklen Raum bringen. Eine Gruppe seiner hervorragendsten Wissenschaftler untersuchte den Elefanten. Einer betastete das Bein und sagte, dieses Wesen sei wie ein Baum. Ein anderer betastete das Ohr und sagte, dieses Wesen sei wie das große Blatt einer Lotusblüte. Ein anderer beschäftigte sich mit dem Schwanz und kam zu dem Schluss, der Elefant habe das Wesen eines Aales. Diesem widersprach der Erforscher des Rückens, dem der Elefant das Wesen eines Walfisches zu haben schien. Über so viel Dummheit und Ignoranz konnte der Erforscher des Rüssels nur lachen. Für ihn war klar, dass der Elefant einer Schlange gleich sei …

Geht es Ihnen nicht auch manchmal so, dass Sie glauben, ganz genau zu wissen, wie etwas ist, und überhaupt nicht verstehen können, wie man das anders sehen kann?

Jeder nimmt nun einmal einen bestimmten Ausschnitt der Realität wahr und läuft Gefahr, diesen für den ausschließlichen und richtigen zu halten.

Gerade in so komplexen Systemen wie Unternehmen ist es daher empfehlenswert, verschiedenste Sichtweisen auszutauschen, um den gesamten „Mikrokosmos" gut zu verstehen: Was läuft hier konkret? Wie nimmt der Vertrieb das Thema wahr? Wie die Produktion? Was sagt der Kunde dazu? Wie nehmen es die Mitarbeiter wahr? Wie die Führungskräfte etc.?

In Bezug auf Weiterentwicklung ist es wichtig, den Rahmen zu klären: Was ist fix beziehungsweise unveränderbar? Was ist beweglich beziehungsweise veränderbar? Interessanterweise wird häufig mehr als unveränderbar wahrgenommen, als sich bei genauerer Betrachtung bestätigt. Gerade dies kann eine Reihe neuer Möglichkeiten schaffen.

Tipps

1 Erzählen Sie im nächsten Managementmeeting die Geschichte vom Elefanten und finden Sie heraus, wo Sie ähnlich handeln wie das Wissenschaftlerteam.

2 Tauschen Sie mit den relevanten Personen Ihres Unternehmens regelmäßig Ihre Eindrücke und Bilder zu wichtigen Aspekten der Organisation aus. Und laden Sie ab und an auch Ihre Kunden dazu ein, zum Beispiel im Rahmen einer Kundenkonferenz oder als „heilsamen" externen Input im Rahmen einer Planungsklausur.

3 Listen Sie regelmäßig Begrenzungen auf, die Sie erleben. Fragen Sie sich: Was wäre, wenn es diese nicht mehr gäbe? Was könnten wir tun, damit es diese nicht mehr gibt? Oft zeigen sich bei Wegfall einer vermeintlichen Begrenzung ungeahnte Möglichkeiten.

27

Emotionale Betroffenheit herstellen

Sie lesen die Zeitung: Eine Überschwemmung auf den Philippinen, ein Erdrutsch in Mumbai – beim Anblick der Bilder entsteht Mitleid für die dort lebenden Menschen. Sie blättern weiter: Die neueste Studie zum Klimawandel zeigt eine massive Erderwärmung, die in 30 Jahren eine Versteppung von Europa ankündigt. Sie denken: Das sind ja noch zig Jahre, es wird uns schon noch etwas einfallen. Am nächsten Wochenende setzt ein Dauerregen ein. Ein Bach, der in der Nähe Ihres Hauses noch nie Hochwasser führte, wird zum reißenden Gewässer. Ihr Keller steht unter Wasser, Fotoalben, wertvolle Bilder werden zerstört. Sie sind persönlich betroffen. Sie spüren, dass die Folgen des Klimawandels schon näher sind, als Sie es wahrhaben wollen. Sie denken: Vielleicht sollte ich beim nächsten Mal doch ein abgasarmes Auto kaufen.

Ähnlich geht es vielen Führungskräften, wenn sie Marktstudien über Trends lesen, die neueste Powerpoint-Aufbereitung einer Kundenbefragung studieren, eine Grafik zum Wettbewerbsvergleich oder die Auswertung der letzten Mitarbeiterbefragung bekommen. Sie erhalten Informationen, die nicht zum Handeln führen, weil sie keine Emotionen auslösen.

Was wäre aber, wenn Ihnen Ihr Marketingleiter oder ein Kunde ehrlich sagt, was er von Ihrem Service denkt? Was wäre, wenn Ihre Mitarbeiter Ihnen direkt ins Gesicht sagen, was sie an Ihnen mögen und wofür sie Sie hassen. Was wäre, wenn Sie eine problematische Situation ganz persönlich spüren? Sie würden die Emotion nutzen und etwas tun.

29

Tipps

1 Laden Sie Ihre wichtigsten ehemaligen Kunden ein und holen Sie sich ein offenes Feedback, warum sie nicht mehr kaufen. Lassen Sie Ihre wichtigsten Mitarbeiter dabei zuhören.

2 Fragen Sie eine bunte Gruppe von Mitarbeitern Folgendes: Warum würde ich meinem Freund raten, zu uns zu kommen, warum nicht? Lassen Sie Ihr Management zuhören, was Ihre Mitarbeiter denken, ohne dass es Sanktionen gibt.

3 Wenn es um interne Verbesserungen geht, lassen Sie von einer Mitarbeiter-Gruppe ein Video drehen, das die Situation eindringlich darstellt (z. B. in der Produktion, der Logistik etc.).

Walk in the Customer's Shoes

Der Konsument von heute wird immer selbstbewusster. Der Anspruch an die Servicequalität steigt, und das Internet bietet vollkommene Preistransparenz. Für die meisten Leistungen ist das Angebot riesengroß. Wir können unter hunderten verschiedener Müsli-Sorten, unterschiedlichsten Digitalkameras oder aus zigtausend Apps auswählen. Aber wie gut kennen wir als Manager unsere Kunden? Wie gut wissen wir über ihre Bedürfnisse und ihr Verhalten wirklich Bescheid?

Bei jedem Change geht es darum, dafür zu sorgen, dass Kunden (extern und intern) auch künftig unsere Leistungen wollen und so unsere Existenz als Unternehmen, Bereich, Abteilung oder Standort sichern. Versetzen Sie sich deshalb am Beginn eines Veränderungsvorhabens in die Situation Ihrer wichtigsten Kunden. Durchleben Sie dabei den Nutzungsprozess, zum Beispiel entlang folgender Stationen: Erstkontakt, Anbahnungsprozess, Nutzung von Produkten oder Leistungen, Nachbetreuung, Reklamationsbearbeitung und Entsorgung.

Dazu ein paar Beispiele: Das Management eines Flughafens dreht ein Video über den Weg vom Parkhaus über Check-In, Security bis zum Boarding. Die Entwickler von technischen Geräten leben einige Zeit mit den Kunden und werden selbst zum Power User. Die Manager eines europäischen Traditionsunternehmens verbringen zwei Monate in Asien. Top-Manager verlassen im Urlaub die gewohnten Pfade von 5*-Ressorts, um mit einfachen Leuten ins Gespräch zu kommen. Wichtig dabei: Es geht darum, sich persönlich voll darauf einzulassen.

Tipps

1 Entwerfen Sie ein Profil Ihrer drei wichtigsten Kunden. Beschreiben Sie dazu den Nutzungsprozess und die dabei vom Kunden erlebten Emotionen (was begeistert, was verärgert …?).

2 Nutzen Sie eine Digicam für die Dokumentation von Kundenerlebnissen. Probieren Sie es beim nächsten Hotelbesuch aus. Machen Sie Fotos von der Ankunft bis zur Abreise und schreiben Sie dann eine Fotogeschichte über Sie als Hotelgast. Übersetzen Sie diesen Prozess auf eine Kundensituation in Ihrem Unternehmen.

3 Erforschen Sie Kundenerwartungen nie im Zuge von Verkaufsgesprächen. Verhandlungen und Verkaufsdruck verhindern eine offene Wahrnehmung. Erkundungen brauchen Neugierde, Gelassenheit und Distanz.

31

Die Logik des Geschäftes verstehen

Peter Drucker fragte seine Kunden immer zu allererst: „In what business are you really in?"
Auch Change Agents sollten sich diese Frage stellen, bevor sie den ersten Schritt in Richtung
Veränderung eines Business tun. Wer die Logik des zu verändernden Geschäftes nicht versteht,
wird rasch scheitern, weil Erfolgsfaktoren zerstört werden können oder man auf die falschen
Pferde setzt. Wie tickt das Geschäft, wo wird Geld verdient, auf welche Kernkompetenzen setzt
man oder welche Kostentreiber und strategischen Partnerschaften bestimmen die Situation?

Probieren Sie das Beschreibungsmodell von Alexander Osterwalder und Yves Pigneur aus.
Neun Felder auf einer Seite sagen alles über ein Geschäft wie jenes von Apple iPod/iTunes aus.

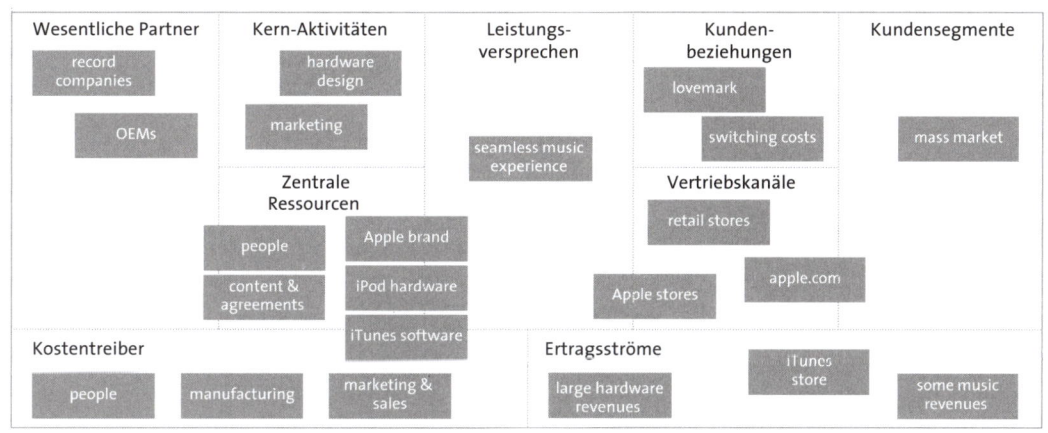

Quelle: Business Model Generation

Tipps

1 Skizzieren Sie gemeinsam mit Ihren Führungskräften Ihr Geschäft nach der vorge-
stellten Vorlage. Versetzen Sie sich dann in
die Rolle eines externen Analysten und
erstellen Sie eine SWOT-Analyse (siehe
Seite 37) für Ihr Geschäftsmodell.

2 Beschreiben Sie das Geschäftsmodell Ihrer
zwei bis drei wesentlichen Wettbewerber
nach gleicher Logik und markieren Sie die
Unterschiede zu Ihrem Geschäftsmodell.

3 Denken Sie an den Rebellen in Ihrer
Branche: Fertigen Sie ein Modell jenes
Unternehmens an, das als anders, quer,
innovativ oder einfach verrückt gilt. Wo
unterscheidet sich diese Beschreibung
vom Modell Ihres Unternehmens?

33

Die Geschichte des Unternehmens wertschätzen

Was würde passieren, wenn eine Gruppe amerikanischer Touristen beim Besuch der Wiener Innenstadt ihrem Gastgeber permanent erklärt, wie schlimm sie die österreichische Kaiserzeit fänden. Was passiert, wenn Ihre Frau beziehungsweise Ihr Mann permanent Ihre Herkunftsfamilie angreift oder sich Ihre Kinder über Fotos aus Ihrer Jugendzeit lustig machen? Sie würden in Widerstand gehen, persönlich verletzt sein oder sich ganz einfach abwenden.

Über ähnliche Stolpersteine stürzen Veränderer in Unternehmen. Wie oft werden bei einer Veränderung im Unternehmen die aktuelle Situation und die Firmengeschichte abgewertet? Wie oft werden Menschen, die in der öffentlichen Verwaltung arbeiten, als bequem hingestellt, Unternehmen wie Post oder Bahn als nicht besonders leistungsfähig bezeichnet oder das etwas in die Jahre gekommene Familienunternehmen als total überholt angesehen?

Um ein Unternehmen verändern zu können, muss man zuerst dessen Geschichte verstehen: Was hat dazu beigetragen, in der Vergangenheit erfolgreich zu sein und bis heute zu (über)leben? Gute Veränderer schaffen es, die Geschichte positiv zu sehen, auch wenn das Unternehmen heute nicht mehr ausreichend performt.

Ein Beispiel: Aus einem Mobilfunker wäre nach seiner Übernahme nicht ein erfolgreiches Mitglied der Konzernfamilie geworden, wenn man sich von der emotionsgeladenen Unternehmensgeschichte nicht mit besonderer Wertschätzung verabschiedet und mit Stolz ein eigenes Museum eingerichtet hätte.

Tipps

1 Erkunden Sie die Geschichte der Organisation, die Sie verändern wollen. Was war der Gründungszweck, welche Phasen gab es in der Unternehmensgeschichte, welche Krisen wurden durchlebt? Lernen Sie dabei auch die Erfolgsmuster der Vergangenheit kennen, um Elemente daraus auf die Gegenwart übertragen zu können.

2 Machen Sie allen Betroffenen klar, dass jede Zeit ihre Qualitäten hat. Dass Sie stolz auf vergangene Erfolge sind und verstehen, warum die Situation so ist, wie sie ist. Und dass es um die Herausforderungen der Zukunft geht.

3 Setzen Sie Rituale, die der Geschichte einen Platz geben. Richten Sie einen Raum der Erinnerungen ein, in dem sichtbar wird, wo man herkommt und welche Erfolge gefeiert werden konnten.

35

Die Chancen der Veränderung aufzeigen

Ein alter Mann lebte mit seinem einzigen Sohn auf einer kleinen Farm. Sie besaßen nur ein Pferd, mit dem sie die Felder bestellen konnten. Eines Tages lief das Pferd davon. Die Leute im Dorf riefen „Oh, was für ein Unglück!" Der alte Mann erwiderte mit ruhiger Stimme: „Wer weiß, wozu es gut ist?" Eine Woche später kam das Pferd zurück und führte eine ganze Herde wunderschöner Wildpferde mit. Wieder kamen die Leute aus dem Dorf: „Was für ein Glück!" Doch der alte Mann sagte wieder: „Wer weiß, wozu es gut ist." In der nächsten Woche machte sich der Sohn daran, eines der wilden Pferde einzureiten. Er wurde abgeworfen und brach sich ein Bein. Und die Leute aus dem Dorf sagten zu ihm: „Was für ein schlimmes Unglück!" Die Antwort des alten Mannes war wieder: „Wer weiß, wozu es gut ist." In den nächsten Tagen brach ein Krieg aus. Alle jungen Männer des Dorfes mussten an die Front und viele von ihnen starben. Der Sohn des alten Mannes aber konnte aufgrund seines gebrochenen Beines zu Hause bleiben.

Ob sich etwas als Glück oder als Unglück herausstellt, ist oft eine Frage der Perspektive oder der Zeit. In manchen Organisationen mangelt es nicht am Erkennen von Problemen. Im Gegenteil: Die Probleme werden als so riesig empfunden, dass die Handelnden in einer „Problemtrance" gefangen sind, die sie daran hindert, etwas zu ändern. Um die Organisation aus dieser Paralyse zu befreien und Energie für Veränderung freizusetzen, ist es empfehlenswert, den Fokus zu verschieben. Gleich einer Fotokamera kann man stärker zoomen, um etwas genauer zu sehen beziehungsweise das Gute darin zu erkennen, oder mit der Weitwinkeleinstellung den Blick fürs Ganze schärfen, um ein Problem ein Stück weit zu relativieren.

Tipps

1 Erkennen Sie, wie Ihre Organisation auf Änderungen des Umfeldes reagiert: Werden diese als Störung wahrgenommen oder als Chance? Dies gibt Ihnen wertvolle Hinweise, wo es blockierte Energie gibt und Sie als Führungskraft ansetzen müssen, um Energie für Veränderung freizusetzen.

2 Diskutieren Sie anhand eines konkreten Problems im nächsten Managementmeeting folgende Fragen: Wie groß ist das Problem aus der Vogelperspektive? Was verändert diese Betrachtung? Was ist das Gute an unserer derzeitigen (schwierigen) Situation? Welche Chancen stecken darin? Was wird sein, wenn sich nichts ändert?

3 Führen Sie regelmäßig eine SWOT-Analyse für Ihre Organisation durch:

	S(trengths) Stärken	W(eaknesses) Schwächen
Organisation		
Umfeld	O(pportunities) Chancen	T(hreats) Risiken

37

Die ungeschriebenen Gesetze erkunden

Die wahre Unternehmenskultur findet sich niemals in niedergeschriebenen Leitbildern, sie kann nur erforscht werden. Stellen Sie sich vor, Ihr Unternehmen wurde über Nacht zu einer Person und kommt gerade bei der Tür herein. Wie sieht diese Person aus? Ist sie männlich oder weiblich? Wie alt ist sie? Welche persönlichen Merkmale hat sie? Welche Empfindungen löst sie bei Ihnen aus? Sie haben schon ein Bild vor sich, das langsam immer konkreter wird. Sie können die Person jetzt auch zeichnen. Sie schmunzeln oder sind etwas erschrocken?

Beispiel 1: Eine dynamische Frau, sehr tough, unnahbar. Es fällt ihr schwer, Kontakt zu knüpfen. Rein äußerlich passt alles – Kleidung, Make-up, aber …
Beispiel 2: Ein etwas in die Jahre gekommener, rund 60-jähriger Mann. Er gibt sich jugendlich, ist modisch gekleidet, zeigt, dass er sich vieles leisten kann. Gleichzeitig hat er ungepflegte Hände und Löcher in den Socken.
Beispiel 3: Ein ländlich-konservativ gekleideter Mann um die 45 Jahre. Er ist freundlich im Ausdruck, unterhält sich mit allen, die Deutsch sprechen.

Was Sie gerade zu erkunden versuchen, ist die Kultur Ihres Unternehmens – also die ungeschriebenen Gesetze, die jeder befolgt und die doch so wenig explizit sind. Die Unternehmenskultur bestimmt, wie viel an Veränderung möglich ist, weil sie das Verhalten von Menschen beeinflusst und neues Verhalten ermöglicht oder verhindert.

Damit Sie Ihre Unternehmenskultur nachhaltig weiterentwickeln, brauchen Sie drei Dinge: einflussreiche Menschen als Vorbilder, neue Formen der Kommunikation und vor allem Erfolgserlebnisse im Business, die durch anderes Verhalten als bisher erzielt werden.

Tipps

1 Beschreiben Sie mit einer Gruppe von Mitarbeitern Ihr Unternehmen als Person. Werten Sie die Beschreibungen und Bilder aus.

2 Organisieren Sie einen halbtägigen Kulturdiagnose-Workshop mit Mitarbeitern aus verschiedenen Bereichen und bearbeiten Sie folgende Fragen: Wie verhalten wir uns gegenüber Kunden? Wie macht man bei uns Karriere? Wofür wird man belohnt, wofür bestraft? Wie läuft Kommunikation ab? Welche Geschichten werden hinter vorgehaltener Hand erzählt? Was ist tabu? Arbeiten Sie aus den Antworten die wichtigsten handlungsleitenden Gebote heraus.

3 Spiegeln Sie die Erkenntnisse Ihrer Kulturdiagnose mit den Ansprüchen Ihres Change-Vorhabens. Was an der bestehenden Kultur ist förderlich, was hinderlich?

2 Verbündete finden

Jede Veränderung ist fast so wie die Gründung eines neuen Unternehmens. Unsicheres, unkalkulierbares Neuland ist zu beschreiten. Jede Veränderung braucht Unternehmer, die von Ambition getragen sind.

Veränderung braucht auch Macht, die es mit den Bewahrern aufnimmt, denn jeder bestehende Zustand nützt den gerade aktuell Mächtigen. Für wirkliche Veränderungen reichen weder der eine starke CEO, noch ein engagiertes Change-Team und schon gar nicht die eingekaufte Beratertruppe. Erfolgreiche Veränderungen brauchen Verbündete an vielen Stellen des Unternehmens.

FIVE COMMITTED GUYS CAN CHANGE THE WORLD

Die Pioniere der Veränderung verbünden

Der MIT-Vordenker C. Otto Scharmer behauptet: „Five committed guys can change the world." Nicht ganz so ambitioniert, aber in eine ähnliche Richtung geht es beim Change Management.

Solisten, Helden oder starke CEO allein reichen nicht aus, um gewachsene Unternehmenskulturen zu bewegen. Um herausfordernde Entwicklungen zu betreiben, braucht es kleine Teams bestehend aus starken Pionieren. Ambitionierte Frauen und Männer, die sich einer Change-Idee verschreiben, die gemeinsam etwas bewegen wollen und nicht beim ersten Widerstand aufgeben. Und es sind nicht immer die Vorstände, um die es dabei geht.

Einflussreiche und energiegeladene Menschen sitzen oft an unterschiedlichen Stellen: Ob Forscher, Verkäufer, Betriebsrat oder Controller – sie alle haben das Zeug zum Change-Pionier. Vorausgesetzt das Top-Management lässt und fördert sie.

Zum Verbündeten wird man nicht im täglichen Management-Ritual. Es braucht Plätze, an denen eine starke persönliche Beziehung und eine gemeinsames Verständnis der Change-Idee aufgebaut werden kann. Ein Bier an der Bar, ein gemeinsamer Kundenbesuch oder ein persönliches Erlebnis sind Situationen, die verbinden.

Change-Pioniere handeln selten rational. Was sie gemeinsam antreibt, sind persönliche Überzeugungen von einer „besseren Welt"!

Tipps

1 Schaffen Sie gemeinsame Erlebnisse für die Pioniere Ihres Change-Vorhabens. Bei einem mehrtägigen Managementmeeting, einem gemeinsamen Sporterlebnis oder bei der Nachlese nach einem Kundenevent finden neue Verbündete in ungezwungenem Rahmen zusammen.

2 Gehen Sie mit potentiellen Change-Pionieren auf Lernreise. Firmenbesuche oder eine gemeinsame Weiterbildung bieten ein gutes Umfeld, wo aus Führungskräften ein Team von Change-Pionieren entstehen kann.

3 Schaffen Sie Situationen, wo Business-Erfolg in kurzer Zeit erbracht werden muss, wo intensiv kommuniziert wird und keine Hierarchien dem raschen Anpacken im Wege stehen. Solche Situationen sind gute Biotope für Change-Pioniere.

43

Bunte Change-Teams einsetzen

Wenn es in einem Veränderungsprojekt um das Aufbrechen „alter" Verhaltensweisen und Entscheidungsmuster geht, braucht es ein Projektteam, das anders agiert, als es bisher üblich war.

Die Zusammensetzung von Teams passiert aber oft sehr schnell und nach bekannten Mustern („wir wissen ja, wen wir für das Thema brauchen"). Daraus resultiert, dass aus jedem Bereich ein erfahrener Vertreter nominiert wird – die Entsendung in das Team stellt ja schließlich auch eine Würdigung von Verdiensten dar. Damit wird die bestehende Hierarchie und Denkweise des Unternehmens im Team abgebildet und verankert. Jeder Bereich hat seine Ansprüche klargestellt, die Chance auf Innovation sinkt, das Projektergebnis wird der kleinste gemeinsame Nenner aller beteiligten Interessen sein.

Wirksame Change-Teams müssen einerseits ausreichend Kreativität und Querdenken abbilden, andererseits brauchen sie genug Kenntnis der Organisation und schließlich die Bereitschaft und Fähigkeit, Veränderungen umzusetzen.

Ein erfolgreiches Team braucht folgende Typen von Menschen (nach Kantor):

Mover: kreative und treibende Kraft, gibt die Richtung vor.
Follower: sorgt für die Vervollständigung der Ideen.
Opposer: schaut kritisch auf die Qualitätssicherung.
Bystander: (Beobachter), bringt andere Perspektiven ein.

Tipps

1 Nehmen Sie sich Zeit für die Zusammenstellung des Teams. Achten Sie darauf, dass neben unterschiedlichen persönlichen Fähigkeiten auch Mächtige, Kenner von Organisation und Geschäft sowie Betroffene der Veränderung vertreten sind.

2 Scheuen Sie sich nicht vor der Auseinandersetzung: Alte, gut eingespielte Konstellationen bringen zwar rasch Ergebnisse, Neues entsteht aber nur im Widerstreit kreativer Ideen.

3 Je komplexer das Vorhaben, desto intensiver sollte der Aufwand für das Team-Building ausfallen. Die Investition in ein Wochenende, an dem die Beteiligten durch gemeinsame Erlebnisse neue Aspekte voneinander kennenlernen, Vertrauen zueinander entwickeln und sich die Spielregeln für das Projekt erarbeiten, lohnt sich!

45

Den Kunden als Boss sehen

Ich schiebe meinen großen Kinderwagen durch eine kleine Supermarktfiliale, ärgere mich schon im ersten Gang über Leitern und Wagen voller unausgepackter Kartons, die im Weg herumstehen und die ich nicht umschiffen kann. Ich gelange in den nächsten Gang, den ich unbedingt entlangrollen muss – nur wird der von einer Mitarbeiterin blockiert, die gerade Flaschen einräumt. Ich frage höflich, ob ich bitte vorbei könne und ernte erst einen bösen Blick, dann ein Brummen und schließlich einen wenig motivierten Versuch, mich vorbeizulassen. Nur der Kunde stört? Genau so fühle ich mich jetzt.

Dann gibt es noch die andere Welt, in der alles perfekt ist: Am Flughafen ist Hochbetrieb, die Airline-Mitarbeiter präsentieren sich in ihrem schönsten Outfit und haben ihr bestes Lächeln parat. Ich beobachte, wie ein elegant gekleideter Herr herumgeführt wird, umzingelt von eben diesen Mitarbeitern. Alle scheinen hocherfreut zu sein, sie lächeln und strahlen. Ich werde „ganz normal" abgefertigt. Wer ist denn dieser wichtige Kunde bloß? Mal einen genaueren Blick auf ihn werfen. Aha, den kenn ich doch – es ist der Boss der Airline.

Fazit: Wenn die Mitarbeiter sich um ihre Kunden genauso bemühen würden wie um ihre obersten Bosse, wären Kundenerlebnisse wie das beschriebene nur mehr Ausnahme, nicht Regel. Leider erfahren viele Top-Manager nie am eigenen Leib, was es heißt, „normaler" Kunde des eigenen Unternehmens zu sein. Wenn sie die eigene Leistung nachfragen, wird alles generalstabsmäßig geplant und über das Normale hinaus erfüllt. Zeit, sich die Welt aus Kundensicht anzusehen – das ist die beste Ausgangsbasis für einen Veränderungsprozess.

Tipps

1 Machen Sie sich frei von Ihren Vermutungen, was die „Oberen" wollen. Fragen Sie lieber direkt nach: Kunden nach ihren Wünschen, Mitarbeiter nach ihren Leistungsmöglichkeiten, Führungskräfte nach ihren Erfolgskriterien, Eigentümer nach ihren Renditewünschen.

2 Bauen Sie mit Ihren Kunden lebendige Zirkel und Communities auf. Nutzen Sie diese für Erfahrungsaustausch und für Ihren Informationsvorsprung.

3 Skizzieren Sie (mit Ihrem Team) Ihre Erlebnisse mit Dienstleistern und Lieferanten in vier Spalten: Was hat mich geärgert/skeptisch gemacht/gefreut/überrascht. Versuchen Sie danach dieselbe Übung für Ihre Leistungen.

47

Interessen verhandeln statt kämpfen

Jede Veränderung hat ihre Befürworter und Gegner. Einige wollen eine andere Zukunft, weil sie sich davon Vorteile erhoffen, andere lehnen Veränderungen strikt ab, weil sie die Vorteile des Status quo schätzen. Eine klassische Reaktion, wenn unterschiedliche Interessen im Spiel sind, heißt „Kampf". Kämpfe werden teils offen, teils verdeckt ausgetragen. Sie hinterlassen Gewinner und Verlierer, aber auch verbrannte Erde, irreparable Schäden und Verletzungen.

Unterschiedliche Interessen, die bei jeder Veränderung auftreten, lassen sich aber auch konstruktiver bearbeiten. Aus Gegnern können Sparringspartner werden, aus kritischen Stimmen wichtige Impulse, um bei der Gratwanderung der Veränderung nicht abzustürzen. Es kommt auf die Haltung an.

Als Veränderer sollten Sie nicht nur bei sich sein und stur in eigenen Positionen denken. Sie müssen Interessen anderer verstehen, diese als legitim anerkennen und bereit sein, darüber zu verhandeln. Es geht darum, anderen Interessen einen Platz einzuräumen, an dem diese offen artikuliert werden können und damit eine Chance auf eine Win-win-Lösung besteht. Das Gegenteil wäre, sie zu tabuisieren, ohne Kommunikation über andere Meinungen „drüberzufahren" oder rasch faule Kompromisse einzugehen. Laden Sie Interessengegner zum Dialog und zur Verhandlung ein und versuchen Sie, gemeinsame Wege zu finden.

Tipps

1 Sprechen Sie Schlüsselpersonen unter den Gegnern von Veränderungen bewusst an. Führen Sie mit ihnen einen konstruktiven, persönlichen Dialog. Erkunden Sie dabei divergierende und gemeinsame Interessen. Folgen Sie der Haltung, aus Gegnern Sparringspartner zu machen.

2 Bilden Sie ein Sounding Board aus Betroffenen. Als Betreiber von Veränderungen holen Sie sich Feedback von unterschiedlichen Interessengruppen zum Vorgehen, zur Situationseinschätzung oder zur Konzeption. Wichtigste Haltung dabei: Feedback ernst nehmen und die Meinung anderer schätzen.

3 Tauschen Sie im Zuge eines Change-Workshops für 30 Minuten die Rollen. Zum Beispiel wird der Vertriebsleiter zum Produktionschef, der Logistikprofi zum Marketingleiter usw. Lassen Sie alle Personen aus ihren übernommenen Rollen ihre Erwartungen und Gefühle argumentieren.

49

Die informellen Führer einbinden

Eine systemische Grundregel lautet: Binde in Veränderungen Wissende und Betroffene, aber vor allem auch Mächtige ein. Bei Mächtigen denkt man in erster Linie an hierarchische Funktions- und Entscheidungsträger, an Personen, die „oben" sitzen. Personen, die eine besondere Vertrauensstellung oder Machtposition besitzen, sind aber oft außerhalb der formalen Hierarchie zu finden. Sie arbeiten zum Beispiel im „Mittelbau" oder an der Basis und üben durch ihre besondere Verankerung im Unternehmen Einfluss aus. Wo finden sich typischerweise wichtige Machtzentren? Manchmal sind es einzelne Aufsichts- oder Verwaltungsräte – besonders wenn sie aus dem operativen Management dort hingewechselt haben. Betriebsräte können in bestimmten Veränderungssituationen mächtiger als Vorstände sein. In Familienunternehmen üben meist Personen aus dem Familienkreis Einfluss aus, weil sie Miteigentümer sind. Bei strategischen Fragen sind es oft die Repräsentanten von Banken oder der langjährige Steuerberater, die eine wichtige Rolle spielen.

Der erste Schritt besteht darin, die informellen Führer zu erkennen und ihre Interessen zu analysieren. Der nächste Schritt ist deren Einbindung: Schaffen Sie wohlüberlegte Kommunikationsstrukturen, zum Beispiel über einen abgestimmten Plan. Wer redet wann mit wem zu welchem Thema? In einem Veränderungsprozess lassen sich die informell Mächtigen oft nur ungern in formelle Strukturen bringen.

Tipps

1 Recherchieren Sie systematisch, wer die informellen Führer sind, und analysieren Sie deren Interessen. Positionieren Sie dann alle Personen in folgender Tabelle:

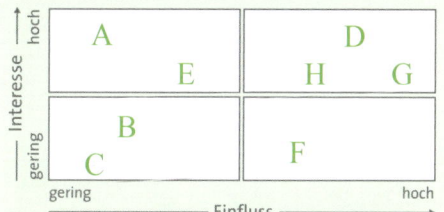

Vorsicht ist vor Mächtigen geboten, die wenig Interesse an Veränderung haben.

2 Stellen Sie alle Schlüsselpersonen mit Holzfiguren auf einem großen Blatt Papier auf. Größe, Entfernung und Distanz zeigen deren Bedeutung. Verbinden Sie die Figuren mit Linien, die Ihnen zeigen, wo es gute Beziehungen gibt, wo offene und wo verdeckte Konflikte ausgetragen werden.

3 Schaffen Sie Kommunikationsstrukturen innerhalb oder außerhalb der formellen Projektorganisation, um informell wichtige Leute einzubinden, zum Beispiel einen Beirat oder ein Sounding Board.

Mitgestaltung anbieten

Denken Sie an eigene Erlebnisse, wo ein Mächtiger von Ihnen verlangt hat, dass Sie Ihr Verhalten plötzlich verändern müssen. Wo etwas, was Sie gut können oder mögen, von heute auf morgen nicht mehr gegolten hat. Sind Sie auf das Neue offen zugegangen, oder kam ein Gefühl von Ohnmacht, Ärger oder Frustration in Ihnen hoch?

Viele Menschen wollen Neues erleben und lernen – solange sie es selbst bestimmen können. Fremdbestimmung produziert häufig Widerstand – manchmal offensichtlichen, oft auch verdeckten.

Das Zauberwort heißt Mitgestaltung. Das heißt nicht, dass jeder überall mitreden sollte. Ohne Führung und klare Verantwortung top-down sind Organisationen handlungsunfähig. Die Richtung des Wandels ist meist von oben vorzugeben. Aber gelebt wird er von den Mitarbeitern. Daher hören Sie hin, was Ihre Mitarbeiter an der Basis denken, meinen oder empfinden. Jeder verändert sich leichter, wenn er mitgestalten kann. Erst wenn klar ist, wo die Reise hingeht, kann jeder Mitarbeiter seine Vorstellungen, Erfahrungen und Qualitäten einbringen.

Change-Profis geben in Veränderungsprozessen ihren Führungskräften drei Botschaften mit:
1. Was ist das Ziel und wie wird es gemessen?
2. Wie sieht der Rahmen aus, in dem sich die Veränderung abspielen soll? Welche Einschränkungen gibt es und wo wird Eigengestaltung erwartet?
3. Nach welchen maximal drei Spielregeln/Prinzipien sollen innerhalb des Rahmens Veränderungen gemanagt werden?

Tipps

1 Laden Sie 20 bis 30 Mitarbeiter aus allen hierarchischen Ebenen zu einem Zwei-Tages-Cross-Level-Workshop ein und sammeln Sie Ideen, Bedenken und Tipps für eine erfolgreiche Bewältigung Ihres Veränderungsvorhabens.

2 Setzen Sie bei anstehenden Veränderungen den strategischen und strukturellen Rahmen. Definieren Sie die unverrückbaren Ziele und Eckpunkte, übertragen Sie die Detailausgestaltung aber an die Betroffenen.

3 Binden Sie Betriebsräte rechtzeitig ein: Nutzen Sie deren informelle Macht und laden Sie diese bei der inhaltlichen Ausgestaltung ein. Sehen Sie sie nicht als Verhandlungsgegner, sondern als kompetente Mitgestalter für inhaltliche Aufgaben.

53

Stakeholder-Interessen managen

Wichtige Stakeholder eines jeden Unternehmens sind die Eigentümer, die Mitarbeiter und die Kunden. Sie gilt es, bei Laune zu halten. Als Führungskraft sind Sie allen dreien verpflichtet, egal ob in ruhigen Zeiten oder in einem turbulenten Veränderungsprozess. Wenn Sie Führungsverantwortung haben, haben Sie damit auch die Aufgabe, die Balance zwischen Ihren wesentlichen Stakeholdern herzustellen – Sie sind also ein „Diener dreier Herren".

Vordergründig ist alles okay – die drei haben ja die gleichen Interessen und verfolgen die gleichen Ziele: ein erfolgreiches nachhaltiges Unternehmen, hohen Gewinn, gute Qualität, eine gute Kommunikation und ein angenehmes Arbeitsklima. Wenn man genauer hinsieht, sind diese Interessen aber konkurrierend: Wenn der eine mehr hat, hat der andere weniger; was der eine hat, kann der andere gut gebrauchen. So paradox das klingt, die vordergründig gleichen Interessen sind trennend. So sehr sich die drei brauchen, so viel sie sich gegenseitig verdanken, so schwierig ist es, am gleichen Strang zu ziehen und ein Herz und eine Seele zu werden.

Die Herausforderung liegt darin, die Balance zu finden. Diese zu meistern ist erfolgsentscheidend, denn jedes Unternehmen besteht nun mal aus Eigentümern, Mitarbeitern und Kunden. Sie haben hier leider keine Wahl.

Tipps

1 Nehmen Sie ein Blatt Papier und teilen Sie es in Drittel. Schreiben Sie auf, welche Interessen Ihre Eigentümer, Ihre Mitarbeiter, Ihre Kunden aus Ihrer Sicht haben. Überprüfen Sie, welche davon gleich, konkurrierend oder neutral zueinander sind.

2 Beobachten Sie sich selbst, oder noch besser, lassen Sie sich Rückmeldung von Personen Ihres Vertrauens geben, ob Sie einen der „drei Herren" bevorzugen.

3 Lassen Sie die Verantwortung für die Balance nicht nur auf Ihren Schultern alleine ruhen. Bringen Sie Eigentümer, Mitarbeiter und Kunden zusammen und arbeiten Sie mit ihnen am Ausbalancieren der Interessen.

3 An den richtigen Stellen anpacken

Häufige Gründe für gescheiterte Change-Vorhaben sind:

Überlange Analysen, die an vordergründigen Punkten hängen bleiben; Change-Ansätze mit dem Drang, alles gleichzeitig anzugehen; Arbeit gegen vorhandene Energien.

Die Kunst des Change-Managers ist es, an den richtigen Stellen anzupacken. Nämlich dort, wo Energie freigesetzt werden kann oder wo Blockaden beseitigt werden können.

Das Business-Problem klarmachen

Stellen Sie sich vor, Ihr Arzt sagt Ihnen, Sie müssten ab sofort ein anderer Mensch werden – das ist schwierig. Einfacher ist es, wenn Sie wissen, dass die Blutfettwerte zu hoch sind und Sie daher ganz konkret Ihre Ernährung umstellen sollten.

In vielen Unternehmen ist das Wort „Change" zum Reizwort geworden. Zu viele Manager haben schon die Veränderung ausgerufen: „Wir brauchen einen Kulturwandel", oder „Alles muss anders werden". Solche Aussagen sind nicht mehr als Slogans. Sie sind nicht greifbar und schaffen Verunsicherung.

Manchmal haben Manager nur das Gefühl, dass etwas nicht passt, können die Ursachen aber nicht greifen. Es werden viele Probleme artikuliert: Der Vertrieb jammert, dass die Produkte zu teuer und daher schwer verkaufbar sind, die Produktion beklagt die schlechte Planbarkeit des Bedarfs – alles Themen, die für sich schwer lösbar erscheinen und oft aus der persönlichen Sicht der Betroffenen heraus definiert werden.

Es gilt, die dahinterstehenden, konkreten und für alle verständlichen Business-Probleme herauszuarbeiten: zum Beispiel zu hohe Kosten in Einkauf oder Produktion, zu lange Durchlaufzeit, schlechte Qualität, falsche oder zu wenig innovative Produkte und Leistungen, mangelhafte Marktpositionierung etc.

Als ersten Schritt zu einer Veränderung braucht es daher eine Standortbestimmung. Das heißt keine langen Analysen, sondern eine kompakte Diagnose der Ausgangslage. Erst wenn ein angreifbares, wirtschaftlich relevantes und messbares Problem formuliert wird, entstehen Betroffenheit und Orientierung.

Tipps

1 Starten Sie Veränderung mit einer Grobanalyse, in die alle Aspekte des Unternehmens einfließen: Strategie, Organisation, Prozesse, Kultur und Führung sowie die Auswirkungen von Problemen in diesen Feldern auf die wirtschaftlichen Ergebnisse.

2 Vertrauen Sie keinen oberflächlichen und allgemeinen Problemdefinitionen. Fragen Sie penetrant so lange nach, bis Sie zum Kern der Sache vorgedrungen sind. Üblicherweise erfordert das mindestens dreimal die Frage „Warum?"

3 Zeichnen Sie eine „Landkarte", wie die Probleme zusammenhängen und wie sich die Performance eines Bereichs auf einen anderen oder auf die Ergebnisse auswirkt.

Das Ausmaß der Veränderung klären

Change ist nicht gleich Change, aber allzu oft glaubt man, dass alle das Gleiche darunter verstehen. Einem Modell des US-Amerikaners Brian Smith folgend gibt es vier Change-Typologien.

Reparieren: Es braucht Veränderung, weil etwas nicht funktioniert: Die Performance einer IT ist zusammengebrochen, ein persönlicher Konflikt im Vorstand blockiert strategische Entscheidungen oder der Vertriebsleiter hat gekündigt und zehn wichtige Kunden mitgenommen. Change heißt, rasch das Problem lokalisieren und die richtigen Maßnahmen setzen, um den Betrieb wiederherzustellen.

Verbessern: Manches läuft nicht ganz so rund. Die Anforderungen des Marktes, der Eigentümer beziehungsweise des Umfeldes haben sich geändert. Der Blick ist auf das Bestehende gerichtet. Change heißt dann anpassen, verbessern, Steine aus dem Weg räumen und daran arbeiten, wie etwas schneller, einfacher oder kostengünstiger funktionieren könnte.

Neu ausrichten: Eine Vision, die Vorstellung, wie es sein könnte, eine grundlegende Richtungskorrektur ist der Motor einer Veränderung. Es geht nicht um das Verbessern, sondern um das Neudenken von Strategie, Strukturen, Positionierung, Werte oder Ähnlichem.

Durch Turbulenzen navigieren: Alle wissen, dass es so wie bisher nicht weitergehen kann. Ein klares Zukunftsbild gibt es auch nicht. Eine Situation, die heute auf viele Organisationen zutrifft: Kirche, Gewerkschaften, das Gesundheitswesen und andere Branchen sind von Turbulenzen erfasst. Neue Perspektiven entstehen erst im Tun. Leadership, Team-Performance und Emotionen bestimmen den Erfolg.

Tipps

1 Klären Sie mit Ihren Schlüsselpersonen, welche Art von Change man gerade angeht. Reparieren, verbessern, neu ausrichten oder einfach Turbulenzen managen – jeder Typus erfordert eine andere Vorgangsweise.

2 Kommunizieren Sie Ihren Mitarbeitern zwei zentrale Botschaften: Was ist fix und was soll sich wann verändern? Das gibt Sicherheit für den nötigen Change. Übersehen Sie dabei nicht, dass das, was für Sie klar ist, für andere noch lange nicht klar ist.

3 Schreiben Sie eine Kurzgeschichte über einen Tag im Leben einiger Personen heute und nach Vollzug der Veränderung. Halten Sie dabei die drei wichtigsten Unterschiede fest.

61

Muster erkennen statt Symptome behandeln

Kennen Sie das? Jetzt haben wir schon den dritten Marketingleiter innerhalb von zwei Jahren und müssen uns auch von diesem trennen! Wir schaffen es nicht, diese Position gut zu besetzen. Es bewerben sich offensichtlich nur inkompetente Personen für diesen Job. Die anderen Führungskräfte müssen das alles auffangen. Gott sei Dank gleicht der Vertriebsleiter einen Großteil aus, damit wir weiterhin Umsatz machen. In vielen Organisationen gibt es solche „Schleudersitze", die man besser meidet. Wenn eine Position unpassend definiert ist, wird auch ein noch so erfahrener Marketingleiter auf Dauer nichts ausrichten, sofern es rundherum keine Weiterentwicklung gibt.

Organisationen laufen häufig Gefahr, zuerst das Problem bei den Personen zu suchen. Passt die Leistung nicht zu den Erwartungen, müssen Personen geschult und unterstützt werden. Ist keine Besserung erkennbar, muss diese nicht passende Person ausgewechselt werden. Dieses Verfahren greift in den meisten Fällen viel zu kurz. Entscheidender ist, den Mustern des Unternehmens auf die Spur zu kommen: Wie „tickt" die Organisation? Was ist wichtig/was weniger wichtig? Wann haben die einzelnen Organisationseinheiten Erfolg? Was sind die „Währungen", in denen Erfolg gemessen wird? Was ist erlaubt? Was ist tabu? Antworten auf diese Fragen können Ihnen gute Einblicke geben, was die Organisation dazu beiträgt, dass alles so bleibt, wie es ist, und neue Personen hier wenig ausrichten können. Erst auf Basis dieser Erkenntnisse ist es empfehlenswert, Maßnahmen zu setzen, um keine „Symptombehandlungen" durchzuführen.

Tipps

1 Analysieren Sie mit Ihren Kollegen die wichtigsten Muster Ihres Systems: Welche sind förderlich, welche hinderlich für den gemeinsamen Erfolg? Eine gute Möglichkeit bietet diese Übung: Stellen Sie sich vor, ein guter Freund hat heute Morgen begonnen, in Ihrer Organisation zu arbeiten. Sie wollen ihm den Einstieg erleichtern und erklären ihm, was er tun muss und wie er sich verhalten muss, damit er es genauso macht wie alle anderen. Sie wollen ihm also die unausgesprochenen („geheimen") Verhaltensregeln erläutern, die bestimmen, wie hier gearbeitet wird.

2 Identifizieren Sie die Muster, die Sie daran hindern, gemeinsam erfolgreich zu sein. Überlegen Sie, wie Sie sich stattdessen verhalten könnten, und probieren Sie diese neuen Verhaltensweisen gleich aus.

63

Eine gemeinsame Sprache entwickeln

„Frauen sprechen Venus und Männer Mars" – viele Geschichten erzählen mehr oder weniger amüsant, wie unterschiedlich ein und dieselbe Sache gesehen werden kann. Diese Unterschiede gibt es nicht nur zwischen den Geschlechtern. Auch in einer fremden Kultur – ob in einem Land, einer Familie oder in einer Firma – kann man ordentlich ins Fettnäpfchen treten oder mit herkömmlichen Begriffen erstaunliche Reaktionen auslösen. Wie wir etwas sagen oder wie wir etwas hören und verstehen, hat sehr viel mit uns selbst und unseren Prägungen zu tun.

Viele von uns kennen die endlosen und mühsamen Diskussionen in Workshops. Da werden oft Stunden investiert und Nerven strapaziert, um am Ende herauszufinden, dass man Begriffe unterschiedlich verstanden und deshalb aneinander vorbeigeredet hat. Oft werden modische Begriffe verwendet, um kompetent zu wirken – das macht die Sache meist noch schwieriger.

„Am Ende des Tages" ist es daher wichtig, eine gemeinsame Sprache zu finden und wichtige Begriffe und ihre Verwendung zu klären. Kreativ gestaltet, kann das richtig Spaß machen, und die investierte Zeit macht sich im Lauf des Veränderungsprozesses bestimmt bezahlt.

Tipps

1 Manchmal erfordert eine gemeinsame Sprache einfach, ein gemeinsames Verständnis herzustellen. Zum Beispiel: Was verstehen wir unter Kernprozessen, strategischem Ziel oder Kernkompetenz? Oft ist es hilfreich, Bilder zu zeichnen, Geschichten zu erzählen oder einen Sketch aufzuführen, um festzustellen, was man womit meint.

2 Stellen Sie den Lebensweg der Organisation und der Schlüsselpersonen in einem Workshop dar. Lenken Sie den Fokus auf die dabei verwendeten Begriffe und Zuschreibungen.

3 Trauen Sie sich, „dumme" Fragen zu stellen, wenn Ihnen Begriffe oder Botschaften nicht klar sind. Haben Sie keinen falschen Respekt vor etwas, das Sie nicht verstehen.

65

Lange, ermüdende Analysen vermeiden

Analysen können Veränderungen verhindern. Ein Beispiel: Ein Vertriebsvorstand, der mit sinkenden Verkaufszahlen kämpfte, ordnete an: „Wir müssen zuerst alle unsere Prozesse im Detail dokumentieren, um dann zu sehen, wo wir sie optimieren können." Die Folge waren monatelange Erhebungsarbeit und die detaillierte Dokumentation des Ist-Zustandes. Ansätze zur Verbesserung ergaben sich nur wenige, die Energie für das Projekt war verpufft, ein klassischer Fall von „Paralyse durch Analyse".

Verlockend ist auch der Zugang: „Wir dürfen unsere Mitarbeiter durch die Analyse nicht belasten, also vergeben wir sie an Externe." Das Ergebnis sind lange Rechtfertigungen, und die Energie wird auf ermüdende Diskussionen über die Validität der Ergebnisse verschwendet.

Veränderungsbereitschaft hat immer etwas mit Emotion zu tun, daher gilt der Grundsatz: Analysen müssen betroffen machen!

Wenn dem Vertriebsleiter klar wird, wie viel Zeit seine besten Verkäufer mit der Administration verbringen, oder wenn ein Meister in der Produktion die Stillstandszeiten aufgrund schlechter Prozesse selbst gemessen hat, wird Betroffenheit und Energie für Veränderung entstehen. Um aus Analysen auch die richtigen Schlüsse zu ziehen, braucht es die Auswertung im Team. Wenn ein gemeinsames Bild entsteht, welche Auswirkungen die Organisation und die Prozesse auf Kosten, Zeit oder Qualität der Leistungen haben, kann es ein Commitment zur Veränderung geben.

Tipps

1 Verschaffen Sie sich zunächst einen Überblick: Welches Problem wollen wir lösen? Wo liegen vermutlich die größten Hebel? Welche Fragen sind daher wirklich zu klären? Erst dann legen Sie die konkreten, vertieften Analysen fest.

2 Lassen Sie die Betroffenen und Verantwortlichen selbst analysieren: Wie entwickelt sich das Marktumfeld, wo verschwenden wir Ressourcen, wie sieht uns der Kunde? Sorgen Sie dafür, dass professionelle Methoden eingesetzt werden. Dieses Know-how kann durchaus von außen kommen.

3 Schaffen Sie neue Blickwinkel auf bekannte Daten. Zum Beispiel durch eine Gliederung nach Kundengruppen oder Geschäftssegmenten anstatt nach Kostenstellen. Das kann ganz neue Erkenntnisse bringen.

Den Tipping-Point finden

Machen Sie ein kleines Experiment. Schreiben Sie Ihre persönliche Gebrauchsanweisung: „Was müssen andere tun, damit ich mich verändere? Welche Sehnsüchte müssen sie bei mir ansprechen? Wo bin ich verletzbar? Was begeistert mich und lässt meine Energie voll raus? Wo sind meine tief eingebrannten Wunden, die mich erstarren lassen?"

Tun Sie sich leicht oder schwer dabei?

Auch Organisationen haben über Jahre aufgebaute Gebrauchsanweisungen, die jedoch niemandem zugänglich sind. Deshalb wird beim Versuch, eine Organisation zu verändern, oft lange experimentiert. Instrumente werden aufwendig eingeführt, „Breitband-Antibiotika" werden verabreicht, Menschen in Trainingsprogramme geschickt, oft auch schwere chirurgische Eingriffe vorgenommen. Nicht dass so manche Radikalkur falsch wäre, aber oft wird nicht an der richtigen Stelle Hand angelegt.

Die hohe Kunst des Veränderungsmanagements ist es, den neuralgischen Punkt für die jeweilige Change-Situation zu finden. Wo ist der Punkt, an dem die größte Wirkung entsteht? Es ist nie der eine richtige Punkt, sondern immer der für eine bestimmte Zeit günstigste Punkt. Dort ist eine „kunstvolle Intervention" zu setzen, damit sich die Organisation in die richtige Richtung bewegt. Das kann ein Schmerzpunkt oder ein Lustpunkt sein. Diese Punkte zu finden erfordert eine qualifizierte Diagnose sowie die Fähigkeit, Hypothesen zu bilden und nicht sofort auf Aktion zu schalten. Und es braucht Manager mit Mut, dann auch auf diesen Tipping-Point zu drücken.

Tipps

1 Machen Sie eine kompakte Rundumdiagnose bevor Sie die Veränderung planen. Mögliche Aspekte dabei sind: Identität, Strategien, Menschen, Interessenlagen, Ressourcen, Organisation und Umwelteinbettung (Markt, Trends, Stakeholder).

2 Stellen Sie sich gemeinsam mit Ihren Schlüsselpersonen Ihre Organisation wie ein Ausstellungsstück vor und beschreiben Sie dessen Gebrauchsanweisung. Zuerst jeder für sich. Danach sammeln Sie die Gemeinsamkeiten und Unterschiede.

3 Bilden Sie Hypothesen über die Tipping-Points Ihrer Organisation. Und setzen Sie dann wie ein Akupunkteur die Nadel an. Schrecken Sie sich nicht vor unerwarteten Reaktionen, sondern nutzen Sie diese für das Setzen der nächsten Nadel.

Rasch ins Tun kommen

Sie wünschen sich eine einfache Erfolgsformel für Veränderung? Dann führen Sie folgende Multiplikation durch:

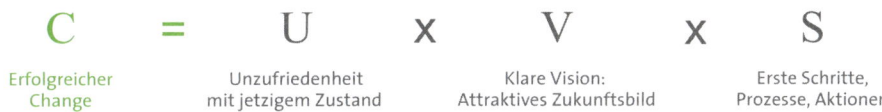

$$C = U \times V \times S$$

| Erfolgreicher Change | Unzufriedenheit mit jetzigem Zustand | Klare Vision: Attraktives Zukunftsbild | Erste Schritte, Prozesse, Aktionen |

Wie lautet Ihr Ergebnis? Ist es größer null? Folgt man den Gesetzen der einfachen Mathematik, heißt das: Kein Change ohne Unzufriedenheit, ohne attraktives Zukunftsbild und ohne rasche erste Schritte.

Oft bleiben Change-Vorhaben in der Schleife Unzufriedenheit – Zukunftsbild hängen. Es wird ausgiebig analysiert und intensiv an Visionen, Sollkonzepten oder Zielsystemen gearbeitet. Dabei wird vergessen, dass es Aktionen braucht: Erste Schritte, die das Verhalten verändern, die beweisen, dass die Zukunft machbar ist, und die das Vertrauen in die Veränderungen stärken. Die Mathematik sagt: Fehlen diese Aktionen, gibt es auch keine Veränderung.

Seien Sie aber vorsichtig bei langen To-do-Listen, die am Ende eines Workshops entstehen. Es gibt nichts Frustrierenderes als die Erfahrung, sich viel vorgenommen, aber wenig umgesetzt zu haben. Wählen Sie deshalb bei ersten Aktionsplänen die Maßnahmen sehr gezielt aus. Diese müssen erfolgreich sein, um Vertrauen für die nächsten, vielleicht schwierigen Veränderungsschritte zu schaffen.

Tipps

1 Überprüfen Sie den Maßnahmenplan einer Besprechung oder eines Workshops auf Klarheit. Sind alle Maßnahmen konkret genug, gibt es überall Verantwortliche und die notwendigen Ressourcen zur erfolgreichen Umsetzung?

2 Starten Sie mit den ersten Veränderungsschritten bereits am Beginn eines Change-Prozesses. Was machen wir morgen anders als bisher? Verändern Sie kleine, aber bedeutende Elemente Ihrer nächsten Besprechung wie die Sitzordnung, Moderation, Themenfolgen, Zeitplanung oder die Zielfixierung für jeden Punkt der Tagesordnung.

3 Organisieren Sie vor dem Start einer Neuorganisation eine „Ausräum-Session". Welchen Müll, Schutt oder welche liebgewonnenen Hindernisse gilt es zu beseitigen? Welche Aufgaben können aufgegeben werden? Auf welche sinnlosen Meetings, Berichte oder Rituale kann verzichtet werden?

71

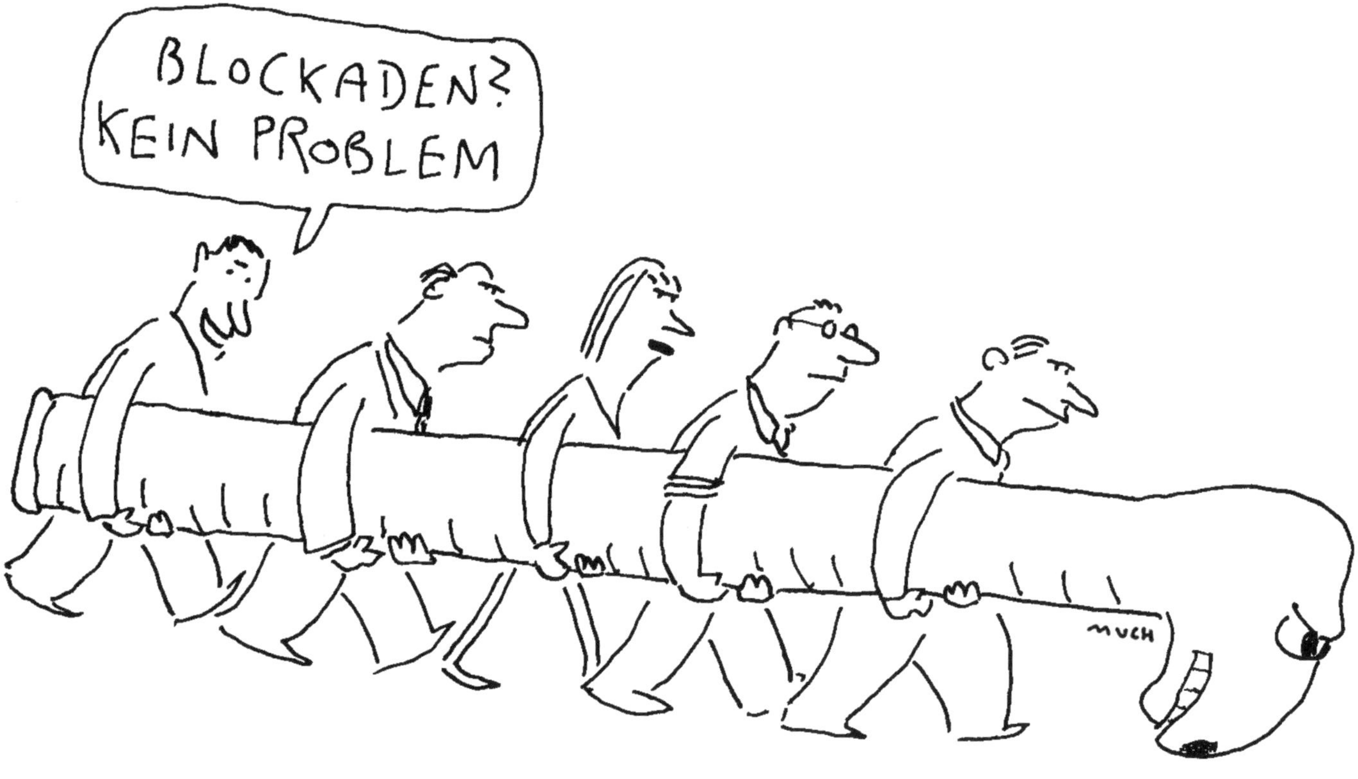
BLOCKADEN?
KEIN PROBLEM
MUCH

Blockaden lösen

Sie kennen sicher Situationen, in denen die Dinge gut im Fluss sind und ganz plötzlich alles stockt.

Beispiel 1: Man sitzt in einer netten Runde zusammen und unterhält sich großartig, bis eine bestimmte Person dazukommt: Plötzlich verändert sich die Stimmung, aus natürlichem Lachen wird gequältes Lächeln. Keinem gelingt es, die Blockade zu lösen.

Beispiel 2: Der Verlauf eines Meetings ist fast punktgenau vorhersehbar. Immer wenn ein bestimmtes Thema angesprochen wird, prallen zwei extreme Meinungen aufeinander. Zwei Mächtige kämpfen, wer recht hat oder noch besser, wer die Nummer eins ist. Vernünftige Entwicklungen werden gnadenlos blockiert.

Beispiel 3: Ein Management-Meeting verläuft gut, neue Ideen werden geboren und dann geht es darum, festzulegen, wer welche Aufgaben übernimmt. Plötzlich entsteht eine unangenehme Stille. Schließlich tauscht man Argumente aus, warum wer was tun sollte. Am Ende wird eine Reihe von Scheinvereinbarungen getroffen. Zum Beispiel Ralf Schmidt übernimmt eine Aufgabe, obwohl alle wissen, dass sowieso nichts passiert. Ein Blockaden-Klassiker für Change heißt: „So tun als ob."

Schlüpfen Sie als Change-Manager in die Rolle eines Chiropraktikers oder Osteopathen. Lösen Sie zuerst die Blockaden, bevor Sie mit viel Energie Neues angehen. Das setzt voraus, dass Sie die wichtigsten Blockaden – und solche gibt es in jeder Organisation – erkennen. Manchmal ist dann ein fester Griff notwendig, manchmal genügt ein Lächeln, aber immer braucht es den Mut und die Beherztheit, einzugreifen.

Tipps

1 Sprechen Sie heikle Themen an, statt – wie gewohnt – darüber hinwegzugehen. Humor kann dabei helfen.

2 Eine einfache Methode, um Tabus auf den Tisch zu bringen: Jeder schreibt die blockierenden, aber nicht angesprochenen Tabuthemen auf ein Kärtchen. Der Moderator schreibt alle ab, um die Handschriften zu neutralisieren. Dann werden die Kärtchen einzeln reihum von jedem gelesen. Dabei darf allerdings kein Kommentar abgegeben werden. Die Aufforderung, nicht darüber zu sprechen, stimuliert paradoxerweise die Auseinandersetzung mit den Tabus.

3 Wenn die Situation sehr schwierig oder bereits total verfahren ist: Setzen Sie alternative Methoden, wie zum Beispiel ein Unternehmenstheater oder eine Organisationsaufstellung, ein.

Magic Moments wahrnehmen

In einer Strategieklausur gehen die Wogen hoch. Es wird heftig um die Zukunft gestritten. Jeder bringt seine Argumente mit Überzeugung ins Spiel. Daten werden – manchmal auch manipulativ – benutzt, um andere zu überzeugen. Dann fasst einer der Zuhörer (der F&E-Leiter) Mut, steht auf und geht zum Flipchart. Er ersucht alle um fünf Minuten echter Aufmerksamkeit. Er zeichnet ein paar Kreise auf das Chart, sagt, was er von wem gehört hat, und macht mit einem Satz klar, wohin die Reise gehen muss. Alle schweigen. Man spürt eine positive Betroffenheit. Anders als sonst wird das Ergebnis nicht zerlegt. Stattdessen sind alle begeistert, dass einer es geschafft hat, etwas auszudrücken, worum alle lange gerungen haben. Ein kollektives Gefühl von „wow, da wollen wir dabei sein" ist spürbar.

Das Commitment zu wirklichen Veränderungen entsteht in besonderen Momenten. Meist sind es Ereignisse in Gruppen, die zu solchen „Magic Moments" führen – Momente, in denen Taktik und Interessenpolitik zurücktreten, Ängste ausgesprochen werden und Mut spürbar ist. Es sind Situationen, in denen Einzelne in die Verantwortung für die Gruppe treten und die Erfolgs- und Verhinderungsmuster der Vergangenheit für kurze Zeit unterbrochen werden. Das Gemeinschaftsgefühl für ein Anliegen bestimmt den Geist dieser „Magic Moments".

„Magic Moments" lassen sich nicht inszenieren. Das Potential eines besonderen Moments muss aber von den Mächtigen einer Organisation erkannt werden. Phänomene wie Stille, Tabubruch oder Hierarchieumkehr müssen dann nur mehr zugelassen werden. Die Gelegenheiten für besondere Momente liegen überall herum.

Tipps

1 Nehmen Sie wahr, wenn das Potential eines „Magic Moments" auftaucht, wenn etwas da ist (oft fühlen Sie es nur), was die Kraft für einen echten Schritt hin zur gewollten Veränderung in sich hat. Steigen Sie dann aus dem Spiel der konventionellen Kommunikation aus.

2 Erlauben Sie sich in Meetings bei heiklen Themen Phasen der Stille beziehungsweise einige Minuten, in denen nichts gesagt wird, so lange bis das Schweigen bei Einzelnen an die Grenze der Erträglichkeit geht. Fragen Sie dann, was es ist, was wirklich bewegt, wo die wahren Probleme oder die wahren Sehnsüchte und Motive für die Zukunft liegen.

3 Sprechen Sie in Meetings Tabus aktiv an. Nicht anklagend, nicht verletzend, sondern holen Sie sich von der Managementrunde die Erlaubnis, etwas sagen zu dürfen, was Sie als „Anwalt der Sache" sehen, aber was bisher nicht besprochen werden durfte.

75

4 Passende Strukturen für Veränderungen schaffen

Veränderungen passieren tagtäglich. Um zu (über-)leben, passen wir uns laufend an unsere Umwelt an. Meist nehmen wir diese Veränderungen nicht einmal bewusst wahr.

Stehen größere Herausforderungen an, können diese nicht mehr neben dem operativen Tagesgeschäft bewältigt werden. Es braucht kraftvolle Strukturen, die es mit der bewahrenden Energie des bisher erfolgreichen Tuns aufnehmen können.

Strukturen für den Change dienen der Steuerung, Gestaltung, Kommunikation und dem Erlernen neuer Verhaltensmuster.

Einen Rahmen für die Erneuerung schaffen

Erfolgreiche Veränderungsprojekte brauchen nach dem Modell von R. Miles die „3T" – Time, Trust and Territory:

- Zeit, um eine Aufgabe zu bearbeiten
- Prozesse, die Vertrauen und Eigenverantwortung fördern
- Freiräume, die kreatives Arbeiten mit anderen Spielregeln zulassen

Ein Projekt ist rasch eingerichtet, die Mitglieder des Change-Teams werden schnell nominiert. Sich für die geplanten Aktivitäten freizuspielen („Time") ist dann schon nicht mehr so einfach. Gute Planung und entsprechende Vereinbarungen in Projektaufträgen helfen dabei.

Um als Change-Team arbeitsfähig zu werden, ist wechselseitiges Vertrauen („Trust") notwendig. Schon der Kick-off des neuen Teams entscheidet darüber, wie viel Vertrauen möglich ist. Vertrauen wird auch durch regelmäßige Reflexionselemente gefördert, wofür wiederum ausreichend „Time" vorgesehen werden muss.

Dann geht es darum, kreative Freiräume („Territory") zu schaffen. Ein „Territory" für neue Ideen entsteht nicht von selbst. Es ist hilfreich, dafür neue Spielregeln zu definieren:

- Kommunikationsformen und Berichtswege, die durchaus von den gewohnten und vertrauten abweichen können
- Vertraulichkeit, vor allem der Umgang mit nicht ausgegorenen Ergebnissen
- Entscheidungskompetenzen, die von bestehenden Regeln abweichen können
- Einfacher Zugriff auf wichtige Ressourcen und Wissensträger

Tipps

1 Vereinbaren Sie im Kick-off-Meeting die wichtigsten Regeln der Zusammenarbeit: Kommunikations-, Dokumentations- und Entscheidungsregeln. Jedes Teammitglied darf Vorschläge einbringen.

2 Neben der inhaltlichen Arbeit sollten Sie ausreichend Zeit und Strukturen für Reflexion und Dialog vorsehen. Das können klassische Peer-Groups sein oder ein Sounding-Board, bestehend aus internen und externen Experten, das kritisches Feedback zu Zwischenergebnissen gibt.

3 Fördern Sie Vertrauen bei den Betroffenen durch gut vorbereitete Kommunikationsveranstaltungen. Diese sind nicht als Befehlsausgabe zu verstehen, sondern als Dialog und interaktive Auseinandersetzung mit (Zwischen-)Ergebnissen oder als das Erarbeiten von konkreten Aufgabenstellungen.

79

Eine Parallelwelt bewusst aufbauen

Die Gesetze der Systemtheorie sagen: Soziale Systeme (Unternehmen, NGO, Verwaltungen) sind „eigensinnig" und wollen so bleiben, wie sie sind. Routinen und Prozesse wiederholen sich, daher gelingt Veränderung schwer.

Um dem Neuen eine Chance zu geben, ist es oft notwendig, eine Parallelwelt in Form einer Projektorganisation aufzubauen. Ed Schein nennt das „Parallel Structure", darunter versteht man eine Struktur, die unabhängig ist von der bestehenden Kultur und Routine und die es erlaubt, neues Verhalten aufzubauen. So können zum Beispiel die Mitglieder eines Change-Teams im „geschützten Raum eines Projektes" miteinander anders agieren als im Wertekorsett ihrer Heimatorganisation. Neues kann gedacht, entwickelt und im Kleinen gelebt werden. Vorausgesetzt, es gibt genügend Mächtige in der „alten Welt", die diese Parallelwelt befürworten und deren Entwicklung unterstützen.

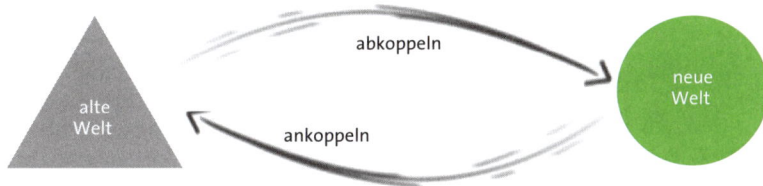

Zu stark abgekoppelte Einheiten sind aber auch riskant. Manchmal heben Projektteams von der Realität ab oder werden Opfer von Missgunst und Neid ihrer im operativen Druck lebenden Kollegen. Parallelwelten müssen deshalb an wichtigen Stellen gut an die Heimatorganisation angekoppelt werden. Das gelingt über wohlüberlegte Kommunikationsprozesse und durch einflussreiche Personen, die in beiden Welten leben.

Tipps

1 Definieren Sie das richtige Maß an Abkoppelung. Die Faustregel lautet: Bürokratische und große Veränderungen brauchen mehr Abkoppelung einer Projektorganisation von der Linienorganisation.

2 Wählen Sie die Spieler in Ihrer parallelen Welt gut aus. Es braucht einen Mix von Querdenkern und Menschen, die in der bestehenden Organisation angesehen und mächtig sind, aber das Potential haben, vieles neu zu denken.

3 Organisieren Sie einen regelmäßigen Dialog zwischen Projekt und Linienpersonen – mehr als nur Projekt-Reviews oder Steuergruppenmeetings. Gestalten Sie zwei- bis dreistündige Workshops mit Fragen wie: „Was lernen wir gerade? Wie sehen wir die anderen? Wo können wir einander unterstützen?"

Die Prozessarchitektur definieren

Würden Sie einen größeren Hausumbau ohne Plan machen? Sie könnten um sieben Uhr morgens Ihren Partner damit überraschen, dass Handwerker plötzlich eine Trennwand entfernen. Und zwei Tage später steht der Tischler mit einer neuen Küchenzeile vor der Tür. Die sichere Konsequenz: Chaos, Ärger und Geldverschwendung. Auch beim Organisationsumbau wird oft ohne guten Plan vorgegangen. Soziale Systeme/Organisationen sind besonders sensibel gegenüber sinnlosen Umbauten. Es braucht daher eine Architektur, das heißt ein Framework an Strukturen, Phasen und Prozessen, um vom Status quo zum neuen Verhalten zu kommen. Change-Manager sind wie gute Architekten. Sie brauchen technisches Know-how sowie die Fähigkeit, sich in andere hineinzuversetzen und daraus eine „Gestalt" entwickeln zu können.

Eine gute Change-Architektur beinhaltet durchdachte Aktivitäten für die drei unten beschriebenen Prozesstypen sowie vereinbarte Strukturen für Steuerung, Gestaltung und Kommunikation des Change-Vorhabens.

Management von Change	ausrichten, steuern, entscheiden
Gestaltung von Change	analysieren, konzipieren, umsetzen
Enabling von Change	lernen, verhandeln, kommunizieren

Für die Innengestaltung sind die Change-Designer zuständig. Diese gestalten maßgeschneiderte Designs für Interventionen (Workshops, Großgruppenveranstaltungen, Management-Meetings etc.). All das dient dazu, im „umgebauten Haus" ein neues Verhalten zu ermöglichen.

Tipps

1 Skizzieren Sie mit Ihrem Projektteam eine mögliche Architektur anhand der drei Kernprozesse (Management, Gestaltung und Enabling des Change) und machen Sie die wesentlichen Aktivitäten auf einer Pinnwand für alle sichtbar.

2 Sehen Sie fixe Kommunikations- und Abstimmstrukturen mit langfristiger Terminreservierung vor, auch wenn Sie noch nicht wissen, welche Themen beim nächsten geplanten Meeting anstehen.

3 Gestalten Sie das Design eines Workshops nach dem Canoe-Modell von Richard H. Axelrod. Die Kanuform baut einen Spannungsbogen auf und definiert auch die notwendigen Zeitanteile.

83

A Check in B In Kontakt kommen
C Gemeinsame Standortbestimmung
D Zukunftsbilder abgleichen E Maßnahmen vereinbaren F Check out

Quelle: Richard H. Axelrod

DIE KUNST
DER BALANCE

Die Rolle von Linie und Projekt klären

Eine Situation aus der Praxis: Ein 100 Jahre altes, weltweit tätiges Industrieunternehmen versucht seit Jahren Projektportfolio-Management einzuführen. Das Projektdurcheinander soll aufgeräumt und begrenzte Ressourcen besser eingesetzt werden. Das Vorhaben ist schon mehrfach am Widerstand der Linienführungskräfte gescheitert. Jetzt hat der CEO den Auftrag neu erteilt: Implementierung von Projektportfolio-Management innerhalb von zwölf Monaten. Das bringt eine doppelte Herausforderung: Es ist ein Projekt zu managen, um das Projektmanagement auszubauen.

Der Start gelingt. Der Projektleiter lädt alle Linienführungskräfte zu einem Workshop ein und fragt sie: Worauf kommt es an, um das Projektportfolio-Management erfolgreich einführen zu können? Wie können wir gemeinsam eine Lösung finden, die die bisherigen Hürden überwindet?

Es stellt sich heraus, dass die wichtigste Frage die ist, wem im Unternehmen die Ergebnisse des Projekts, die Daten, Systeme und Prozesse des Projektportfolio-Managements gehören. Sobald geklärt ist, dass die Verantwortung dafür bei den Linienführungskräften verbleibt, übernehmen die zuständigen Einheiten Unternehmensplanung, Betriebsorganisation, Personalabteilung und Controlling sofort „Ownership" für ihre Themen.

Die Balance zwischen Linienmanagement und Projektmanagement wird nicht verordnet – sie ergibt sich aus dem vernünftigen Spiel der Kräfte und Kompetenzen. Besser kann es nicht laufen.

Tipps

1 Prinzip „Ownership": Nehmen Sie als Projektmanager von Anfang an die Linienmanager in die Verantwortung, denen die beteiligten Daten und Systeme, Methoden und Prozesse gehören. Beziehen Sie sie aktiv in die Projektarbeit und Präsentation der Ergebnisse ein.

2 Üben Sie die Arbeitsweise in den künftigen Prozessen im Projekt ein. Die Veränderung muss gemeinsam mit dem Linienmanagement geschehen, sonst haben Sie es anschließend schwer.

3 Bewegung entsteht in der Diskussion um Ideen und Erfahrungen, Interessen und Vorstellungen. Prinzipien- und Begriffsdiskussionen sind selten hilfreich. Lassen Sie umstrittene Begriffe (z. B. Vision, Mission, Change) am Anfang einfach weg.

Für Stabilität sorgen

Viele selbsternannte Change-Manager hassen Stabilität. Sie fühlen sich nur wohl, wenn „der Laden so richtig brummt" und Dynamik in jeder Aktion spürbar ist. Schließlich steht man ja auch selbst unter Druck, rasch Ergebnisse zu bringen. Die Grenze zu permanenter Hektik, zum Aktionismus wird dabei schnell überschritten. Wirkungsvollen Change-Managern ist hingegen bewusst, dass nachhaltige Veränderung Stabilität braucht. Bewusst gestaltete Stabilität sorgt für die notwendige Sicherheit und Orientierung, um sich auf echte Veränderungen einlassen zu können. Drei Elemente helfen, das richtige Maß an Stabilität zu finden:

Stabile Phasen zum Einüben neuen Verhaltens
Leistungssportler planen gezielt Erholungsphasen, in denen das Trainierte wirksam wird. Genauso brauchen Organisationen in Veränderung Zeit, damit sich die Dinge nicht nur an der Oberfläche ändern, sondern neues Verhalten verankert wird.

Management Attention
Insbesondere wenn sich Strukturen oder Prozesse massiv ändern, braucht es erhöhte Aufmerksamkeit seitens des Managements. Die bewährten Mechanismen zur Stabilisierung funktionieren dann nicht mehr. Das muss durch laufende Beobachtung, Auswertung und schnelle, steuernde Eingriffe kompensiert werden.

Soziale Beziehungen
In Zeiten von Umbrüchen können soziale Beziehungen und Strukturen in der Organisation Sicherheit bieten. Mit vertrauten Kollegen oder Führungskräften über die eigene Unsicherheit sprechen zu können, entlastet und baut Ängste ab.

Tipps

1 Beobachten Sie in Umbruchphasen mit hoher Aufmerksamkeit die Prozesse der Kunden, damit die Unsicherheit in der Organisation nicht nach außen durchschlägt. Halten Sie die Performance Ihren Kunden gegenüber stabil und reagieren Sie sofort auf negative Rückmeldungen.

2 Persönliche Netzwerke, vertraute – auch informelle – Kommunikationsstrukturen oder stabile Führungsbeziehungen gewinnen in turbulenten Zeiten an Bedeutung und sollten nicht leichtfertig aufs Spiel gesetzt werden.

3 Planen Sie Zeit und Raum für Reflexion und Transfer der notwendigen Änderungen ins Arbeitsumfeld jedes Einzelnen ein. Erfahrungsaustausch in Reviews, Dialog mit anderen Betroffenen und Aufmerksamkeit seitens der Führung geben dabei mehr Sicherheit und Stütze als neue Stellenbeschreibungen.

Das Surfen beherrschen

Für mich ist es ein Genuss, Surfern und Wellenreitern zuzusehen. Es ist unfassbar, mit welcher Geduld sie auf die nächste Welle warten und mit welcher Bravour sie diese bis zum letzten Schwung auskosten, um das Letzte an Vergnügen und Wettkampfpunkten herauszuholen.

Erfolgreiche Change-Manager sind gut mit Wellenreitern und Surfern vergleichbar. Veränderungsprojekte verlaufen nie linear. Keiner weiß, wann und woher die nächste „Welle" kommt, die sowohl Chancen als auch Gefahren bringen kann – je nachdem, wie sie uns erwischt, ob vorbereitet oder nicht. Noch dazu schauen die Mitarbeiter dabei kritisch zu.

Wellenreiter und Surfer sind bestrebt, die Balance zu halten und sich nicht vom Brett werfen zu lassen. Im besten Fall wird die Dynamik genutzt. Change-Manager brauchen dieses Gespür für Dynamik und Balance ebenso. Eine geschärfte Wahrnehmung ist wichtig. Bei Gegenwind gleich die Fassung zu verlieren und umzufallen ist kontraproduktiv.

Hier ist nicht gemeint, stur seinen Weg zu gehen, um die Ziele des Change zu verfolgen. Vielmehr geht es darum, die Hochs und Tiefs sowie die Herausforderungen im Change-Prozess bewusst zu erwarten, sich davon nicht zu sehr überraschen zu lassen und sie dann, wenn sie da sind, mit guter Balance zu meistern beziehungsweise zu nutzen.

Tipps

1 Erwarten Sie nicht, dass alles glattgeht, weil die Planung gut gemacht ist. Seien Sie auf das Unerwartete gefasst. Betrachten Sie es nicht als Störung, sondern handeln Sie.

2 Finden Sie heraus, warum und woher die „Wellen" kommen. Widerstand, der sachlich begründet ist, ist ernsthaft und sachlich bearbeitbar. Bei Widerstand, der persönlich begründet ist, helfen nur Machtentscheidungen. Zögern Sie in solchen Fällen nicht, zu entscheiden.

3 Steuern Sie in turbulenten Zeiten mit erhöhter Management-Aufmerksamkeit. Schaffen Sie sich Strukturen, um die Situation kurzfristig zu reflektieren und schnell reagieren zu können – zum Beispiel wöchentliche kurze Management-Reviews, in denen die aktuelle Situation und die Wirksamkeit der gesetzten Maßnahmen bewertet werden.

89

Mit gemeinsamen Modellen arbeiten

Modelle sollen helfen, die Komplexität unserer Wirklichkeit zu reduzieren und damit in unserer unüberschaubaren Welt entscheidungs- und handlungsfähig zu bleiben. In Veränderungsprozessen ist es wichtig, dass die Handelnden ähnliche Modelle im Kopf haben, da sonst die Gefahr besteht, aneinander vorbeizureden.

Bei einem Modell scheiden sich auch noch im 21. Jahrhundert die Geister der Führungskräfte fundamental: Werden Unternehmen beziehungsweise Non-Profit-Organisationen als Maschinen oder als soziales System verstanden? Im ersten Fall geht man von klaren Ursache-Wirkungs-Beziehungen aus und leitet daraus ab, dass Organisationen relativ leicht steuerbar, beherrschbar und veränderbar sind. Im zweiten Fall akzeptiert man, dass Organisationen soziale Systeme sind, die immer versuchen, ihre Identität beizubehalten. Diese können von außen zwar gestört werden, entscheiden jedoch selbst, wie sie auf diese Störung reagieren. Das heißt, die Wirkung von gesetzten Maßnahmen ist nie vorhersehbar. Wie bei Change-Vorhaben vorgegangen wird, hängt daher immer von der persönlichen Auffassung (ob Maschine oder Sozialsysteme) ab.

Daher sollte sich jede Führungskraft zu Beginn eines Veränderungsprozesses bewusst sein, welche Modelle für sie selbst handlungsleitend sind, und diese mit den anderen Schlüsselpersonen abgleichen. Beachten Sie immer, dass die Zahl der eingesetzten Modelle überschaubar bleibt und diese zusammenpassen. Unterwerfen Sie sich auch nicht gleich jeder neuen Management-Mode. Die wesentlichen Inhalte und Zusammenhänge eines Modells sollten so klar sein, dass sie entweder auf einer Papierserviette Platz haben oder deren Essenz in einer „Elevator Speech" erklärbar ist.

Tipps

1 Nutzen Sie Modelle, um alle Schlüsselpersonen auf einen gemeinsamen Wissensstand über die Logik von Veränderungen zu bringen. Das Buch enthält solche Modelle an verschiedenen Stellen. Finden Sie jedoch Ihren eigenen Weg, wie Sie selbst die Komplexität Ihres Veränderungsvorhabens „in den Griff bekommen".

2 Orientieren Sie sich bei der Planung von schwierigen Vorhaben an einigen wenigen Modellen, wie beispielsweise Creative Tension (Seite 109), inside & outside the skin (Seite 17) oder dem Business-Modell-Ansatz (Seite 33).

3 Falls Sie mit Beratern arbeiten, „nerven" Sie diese so lange mit Fragen, bis deren Modelle für Sie nachvollziehbar sind und akzeptiert oder abgelehnt werden können.

91

KÖNNTEN WIR NICHT EINFACH SO TUN ALS WÄREN WIR IM WORKSHOP?
MUCH

Neue Arbeitsmethoden ins Tagesgeschäft übernehmen

Begeistert berichtet ein Teilnehmer am Ende des Workshops: „In der Strategieklausur haben wir erstmals wirklich gut und offen miteinander geredet. Der Grund dafür war der professionelle externe Moderator und die Methode, die uns zum gegenseitigen Zuhören gezwungen hat. Dabei sind ganz neue Erkenntnisse aufgetaucht, eine andere Qualität der Entscheidungen, klare Vereinbarungen mit hoher Verbindlichkeit."

Workshops ähneln oft „Laborsituationen", in denen neue Arbeitsformen angewendet werden – und das ist gut so: Klare Moderationsverantwortung entlastet die Teilnehmer, sie können sich auf den Inhalt konzentrieren. Eine andere Sitzordnung (z. B. Sesselkreis) beseitigt Barrieren. In bestimmten Phasen werden Laptops und Mobiltelefone weggeräumt – das ermöglicht den Teilnehmern, sich konzentriert auf das Thema einzulassen. Zeit und Raum für eine gemeinsame Standortbestimmung zu Beginn sorgt dafür, dass die relevanten Themen auf den Tisch kommen. Reflexion und Auswertung am Ende verhindern, dass Dinge offen und ungeklärt bleiben, und erlauben es, Persönliches wie zum Beispiel gegenseitige Erwartungen anzusprechen.

Es sind oft einfach erscheinende Hilfsmittel, die der Zusammenarbeit eine andere Qualität geben. Diese können auch der Kommunikation im Tagesgeschäft, zum Beispiel dem wöchentlichen Managementmeeting oder einer Projektbesprechung, eine neue Qualität verleihen.

Tipps

1 Wenn Ihnen eine Methodik nützlich erscheint, vereinbaren Sie gleich im Workshop, dass Sie diese ins Tagesgeschäft – beispielsweise das Managementmeeting – übernehmen wollen. Legen Sie auch gleich fest, wer sich darum kümmert.

2 Wenn Sie in einem Meeting feststecken, erinnern Sie sich daran, wie Sie in einer erfolgreichen Klausur gearbeitet haben. Wechseln Sie zum Beispiel die Form der Diskussion, schieben Sie eine Kleingruppen- oder Einzelarbeit ein, in der analysiert wird, was gerade los ist.

3 Vereinbaren Sie, dass jeder, der ein Seminar besucht hat, eine dort erlebte gute Methodik einzubringen und im Team anzuwenden hat. Werten Sie dann aus, was nützlich ist und in die Routine übernommen werden soll.

93

Die richtigen Berater einsetzen

Berater gibt es wie Sand am Meer. Unsere Google-Abfrage brachte folgendes Ergebnis:
„Unternehmensberatung": 3.090.000
„Organisationsberatung": 225.000
„Strategieberatung": 108.000
„Prozessberatung": 63.400

Der Hakim weiß alles

Ein Mann lag schwerkrank danieder, und es schien, als sei sein Tod nicht fern. Seine Frau holte in ihrer Angst einen Hakim, den Arzt des Dorfes. Der Hakim klopfte und horchte über eine halbe Stunde lang an dem Kranken herum, fühlte den Puls, legte seinen Kopf auf die Brust des Patienten, drehte ihn in die Bauch- und Seitenlage und wieder zurück, hob die Beine des Kranken an und dann den Oberkörper, öffnete dessen Augen, schaute in seinen Mund und sagte dann ganz überzeugt und sicher: „Liebe Frau, ich muss Ihnen leider die traurige Mitteilung machen, Ihr Mann ist seit zwei Tagen tot." In diesem Augenblick hob der Schwerkranke erschreckt seinen Kopf und wimmerte ängstlich: „Nein, meine Liebste, ich lebe noch!" Energisch schlug da die Frau mit der Faust auf den Kopf des Kranken und rief zornig: „Sei du still! Der Hakim, der Arzt, ist Fachmann, und er muss es ja wissen."

(aus „Der Kaufmann und der Papagei" von Nossrat Peseschkian)

Mehr über unterschiedliche Beratertypen und ihren Bezug zum Change Management finden Sie ab Seite 206.

Tipps

1 Nehmen Sie ein Blatt Papier und notieren Sie Ihre Kriterien für eine gute Beratung, zum Beispiel Lösungen partnerschaftlich entwickeln, vorhandene Kompetenzen respektieren und nutzen, Best Practices beisteuern, auf Augenhöhe diskutieren, auch Unbequemes aussprechen etc.

2 Die Auftragsklärung ist bereits eine Arbeitsprobe für die Beratung. Klären Sie die wechselseitigen Erwartungen. Der regelmäßige Dialog über Bedarf und Unterstützung ist wichtiger als umfangreiche Beratungsverträge.

3 Diskutieren Sie mit den Beratern die speziellen Herausforderungen, die Sie im Projekt erwarten. Seien Sie offen für ungewohnte Denkweisen. Sitzen vor Ihnen die richtigen Personen?

4 Bitten Sie die Berater, mit Ihnen gemeinsam einen durchgängigen, lebendigen Veränderungsprozess zu skizzieren. Erscheint Ihnen das Vorgehen übersichtlich und plausibel? Können Sie die Bewegung spüren? Haben Sie Vertrauen für den gemeinsamen Weg?

5 Gemeinsam an der Zukunft arbeiten

Die Zukunft ist das Produkt unserer Ambition. Sie ist zwar nicht vorhersehbar, aber bis zu einem bestimmten Maß gestaltbar.

Sinnstiftende Zukunftsarbeit ist daher eine der zentralen Energiequellen für Veränderung. Viele von uns sind vom permanenten Veränderungsdruck erschöpft und sehnen sich nach einer inspirierenden Vision, nach dem Sog eines attraktiven Zukunftsbildes. Es braucht eine Vorstellung, für die es sich lohnt, etwas mehr Energie als üblich zu investieren. Es geht um ein Bild, das glänzende Augen statt verbissene Gesichter produziert.

Eine kraftvolle Vision entwickeln

„Wir sichern mit Eigenverantwortung und hoher Wirtschaftlichkeit den Erfolg unserer Gruppe." „Wir zielen auf Ertragswachstum und Wertsteigerung ab." „Im Fokus unseres Handelns steht die beste Lösung für den Kunden." So oder ähnlich klingen die Visionen vieler Unternehmen. Sie sind austauschbar und locken keinen Mitarbeiter hinter dem Ofen hervor. Niemand wird dafür wie Feuer brennen oder sich mit voller Kraft und Emotion engagieren. Aber gerade bei Veränderung braucht es kraftvolle Visionen. Eine starke Vision sagt, wo das Unternehmen in fünf bis zehn Jahren stehen möchte, sie weckt Emotionen, ist attraktiv, scheint fast nicht erreichbar und ist dennoch glaubwürdig.

Laut Peter Senge unterscheidet man zwei Arten von Visionen: extrinsische (z. B. in fünf Jahren schlagen wir den Marktführer in der Möbelbranche) oder intrinsische (z. B. in 5 Jahren sind unsere Solarsysteme so effizient, dass keiner mehr eine Förderung braucht). Extrinsische Visionen tragen das Risiko in sich, dass Energie verlorengehen kann, wenn der Feind besiegt ist.

Gute Change-Manager können die Sehnsüchte ihrer Mitarbeiter erkennen und Visionen formulieren. Sie gestalten ein Bild einer attraktiven Zukunft und kommunizieren dieses glaubwürdig. Kraftvolle Visionen sind wie gute Viren. Zuerst werden wenige angesteckt, ab einem bestimmten Punkt werden sie zur positiven Epidemie. Große Veranstaltungen, intensive Kommunikationsplattformen oder auch neue Medien sorgen für die rasche Verbreitung.

Als Visionär müssen Sie auf eine Frage immer gefasst sein: Was ist der erste beziehungsweise nächste Schritt, um die Vision zu erreichen? Predigen Sie keine Vision, sondern erzählen Sie bewegende Geschichten, wie die Zukunft aussehen wird und was heute der nächste wichtige Schritt dorthin ist.

Tipps

1 Ziehen Sie sich mit Ihrem Führungsteam für einen Tag an einen kraftspendenden Ort zurück. Formen Sie – alleine oder zu zweit – Skulpturen aus Ton, die Ihr Unternehmen oder Ihren Bereich in fünf bis zehn Jahren darstellen. Stellen Sie sich danach die Fragen: Was ist attraktiv? Wo müssen wir loslassen? Wo sind die Widersprüche zu heute? Was ist neu entstanden?

2 Erkunden Sie die Sehnsüchte wichtiger Mitarbeiter in Zusammenhang mit Ihrem Unternehmen. Stellen Sie nur Fragen und geben Sie keinesfalls Antworten. Fassen Sie die Ergebnisse zusammen und bringen Sie diese ins nächste Managementmeeting ein.

3 Beginnen Sie bei sich selbst. Führen Sie ein Journal Ihrer Zukunftsträume. Wann immer Sie kurz Zeit haben – in der Mittagspause, im Zug, nach dem Joggen, nach der Dusche – halten Sie Ihre Gedanken zur Zukunft fest. Schreiben Sie nach einigen Wochen Ihre Geschichte über diese Zukunft.

Innovatives Denken anstoßen

Innovation hat mit Denken zu tun. Unser Handeln ist nur so gut wie unser Denken! Innovationen, wörtlich Neuerungen, sind erfolgreich umgesetzte Ideen und beginnen im Kopf. Da gibt es die Ideenlosen, denen nur wenig auf- und einfällt. Sie sind so beschäftigt mit dem Tun, dass sie keine Zeit haben, darüber nachzudenken, warum und was sie tun. Dann gibt es die „Müsste-man-mal-Menschen", die viel reden und nie zur Tat schreiten. Und dann gibt es die, die nicht nur Ideen haben, sondern auch die Entschlossenheit, den Mut und die Ausdauer, Ideen zu Innovationen zu machen – diejenigen also, die etwas unternehmen.

Unternehmer glauben an die Existenz von Lösungen und sind fasziniert von der Fülle dessen, was zu verbessern ist. Sie mögen andere Menschen, haben Respekt vor ihnen und sind überzeugt, dass man von jedem etwas lernen kann. Sie hören so intensiv zu, dass die Quelle, der sie zuhören, besser denkt und damit noch frischer sprudelt. Für Unternehmer sind Mitarbeiter Denkpartner. Sie geben ihnen weitaus mehr Wertschätzung als Kritik. Sie erkennen, dass Unterschiede eine Quelle für neue Ideen sind. Je größer der Unterschied, desto größer die Möglichkeit, die Üblichkeit zu verlassen.

Unternehmer kämpfen um ihre Gedankenfreiheit. Sie unterwerfen sich nicht herrschenden Paradigmen. Sie geben vollständige und präzise Informationen, denn sie wissen, dass Wissen nur dann mehr wert wird, wenn es weitergegeben wird.

Tipps

1 Die Qualität unseres Handelns beruht zu allererst auf der Qualität unseres Denkens. Machen Sie Ihr Unternehmen zu einem Biotop für Denker!

2 Beispiel-Agenda für ein Denk-Meeting:

Frage 1: Was ist Ihnen aufgefallen, das in unserer Organisation mehr Aufmerksamkeit braucht oder geändert werden sollte?
Frage 2: Was schlagen Sie vor, sollte getan werden?

Es gelten die folgenden Regeln:
- Jeder kann sprechen, so lange er möchte. Niemand wird unterbrochen.
- Die Wortmeldungen erfolgen der Reihe nach.
- Der Manager macht sich Notizen und stellt nur Verständnisfragen.
- Ideen werden nicht diskutiert, und niemand muss sich rechtfertigen. Auch nicht der Manager.
- Der Manager verspricht, jede Idee zu bedenken. Er verspricht allerdings nicht, alles umzusetzen, informiert aber über die Entscheidungen.

Quelle: Nancy Kline, Time to Think, 1999

101

Erfolgsmuster der Vergangenheit loslassen

Der Business-Vordenker Charles Handy formuliert es treffend: „In den Erfolgsrezepten der Vergangenheit liegt der Keim des Scheiterns in der Zukunft." Warum auch sollten wir einen erfolgsträchtigen Weg verlassen, wenn er uns Profit, Anerkennung, Macht und Sicherheit bringt?

Ganz einfach: Weil sich die Umwelt verändert, ohne dass wir es merken – plötzlich sind andere erfolgreicher und wir können nicht mehr mit. Ryan Air & Co. hat dafür gesorgt, dass die traditionelle Airline-Branche als Ganzes kaum noch Gewinne schreibt. Warenhäuser wie Kaufhof, Marks & Spencer wurden von Zara, H&M & Co. angegriffen, Ikea erfand das Einrichtungsgeschäft neu und so weiter.

Wie weit sind Sie bereit, Ihr Geschäftsmodell fundamental zu hinterfragen? Auch zu einem Zeitpunkt, an dem Sie gerade besonders erfolgreich sind?

Erfolg macht blind, sagt der Volksmund. Es braucht eine „schöpferische Zerstörung", sagt der österreichische Wirtschaftstheoretiker Joseph A. Schumpeter. Beides ist wahr und sollte von jedem Change-Manager beherzigt werden – auch wenn man für diese Haltung vorerst nur Abwehr, Unverständnis oder Ignoranz von der „herrschenden Gruppe" der Erfolgreichen erntet. Um den bestehenden Erfolg hinterfragen zu können, braucht es bestimmte Führungsqualitäten: persönliche Freiheit, Unabhängigkeit von Anerkennung und die Immunität gegenüber der Gier, immer und überall erfolgreich sein zu müssen.

Tipps

1 Lesen Sie das Buch „Blue Ocean Strategy" von C. Kim und R. Mauborgne und versuchen Sie, Ihr Unternehmen im dort beschriebenen Tool „Business Canvas" einzuordnen.

2 Besuchen Sie ein Ikea-Möbelhaus und zwei weitere Anbieter der Branche und betreiben Sie Ihre persönliche Fallstudie, warum Ikea in den vergangenen 40 Jahren so erfolgreich war.

3 Stellen Sie in einem Ihrer nächsten Management-Meetings folgende Fragen: „Was machte uns in der Vergangenheit erfolgreich? Was davon müssen wir aktiv zerstören, damit wir auch in fünf Jahren erfolgreich sein werden?"

4 Fangen Sie mit dem Ausmisten bei sich selbst an und fragen Sie sich: „Was blockiert meine Wirkung? Worauf kann ich ab morgen verzichten? Auf eine sinnlose Aufgabe, auf eine Gewohnheit oder vielleicht auf eine scheinbare Sicherheit, die in der Vergangenheit wichtig war, aber künftig nicht mehr zählt?"

Raum für neue Ideen geben

„Ein Mann mit einer neuen Idee ist ein Narr – so lange, bis die Idee sich durchgesetzt hat", sagte schon Mark Twain.

Innovationen leben von guten Ideen. Leider nehmen wir uns oft nicht die Zeit, um vorhandene Ideenpotentiale aufzuspüren und zu heben. Dazu braucht es mehr als den Briefkasten des betrieblichen Vorschlagswesens. Oder können Sie sich vorstellen, dass eine Idee für radikal neue Vertriebsansätze in einem Briefkasten landet?

Die Firma 3M stellt ihren Mitarbeitern 15 Prozent ihrer Arbeitszeit zur Verfügung, um eigene Ideen auszuprobieren. Über Jahre hat sich herausgestellt, dass dies ein leistungsfähiger Innovationsmotor ist. Das berühmte „Post it" ist in diesem Umfeld entstanden.

Nun müssen Sie dieses radikale Konzept nicht gleich eins zu eins umsetzen, um zu neuen Ideen zu kommen. Aber fragen Sie sich: „Wann haben wir uns in unserem Unternehmen das letzte Mal Zeit genommen, über neue Ideen nachzudenken?" Stecken Sie vielleicht zu tief in den Mühlen des operativen Tagesgeschäftes? Spüren Sie bei sich und bei anderen den Wunsch, einmal über wirklich Neues nachzudenken?

Wenn Sie nun innerlich nicken, dann wird es höchste Zeit, dass Sie den Ideen, die sich in den Schubladen Ihrer Mitarbeiter angesammelt haben, ein Ventil geben. Nutzen Sie das vorhandene kreative Potential. Und stellen Sie sicher, dass Sie Ihren Mitarbeitern dann auch den Freiraum für die Umsetzung der Ideen geben.

Tipps

1 Organisieren Sie einen Ideenworkshop, in dem wichtige Mitarbeiter Ideen für das Unternehmen spinnen dürfen. Nutzen Sie die klassischen Kreativtechniken.

2 Verwenden Sie eine einheitliche Vorlage für Ideenskizzen:

Ideentitel	
Skizze	Beschreibung
Gelöstes Problem	Nutzen

3 Ordnen Sie die Ideenskizzen gemeinsam auf einer Ideen-Roadmap mit einem Zeithorizont von bis zu zehn Jahren. Damit schaffen Sie Raum für wirklich Ungewöhnliches.

4 Finden Sie Paten für Ideen, die Sie weiterverfolgen möchten. Das sind Menschen, die motiviert sind, einen ersten Ansatz voranzutreiben. So stellen Sie sicher, dass Ideen auch eine Chance haben, umgesetzt und damit zu einer Innovation zu werden.

Sinn vermitteln statt nur Finanzziele setzen

Wer kennt nicht das Zitat von Antoine de Saint-Exupéry: „Wenn Du ein Schiff bauen willst, so trommle nicht Männer zusammen, um Holz zu beschaffen, Werkzeuge vorzubereiten, Aufgaben zu vergeben und die Arbeit einzuteilen, sondern lehre die Männer die Sehnsucht nach dem weiten endlosen Meer."

Viele Führungskräfte können sich im Kopf gut mit diesem Prinzip identifizieren. Die tägliche Managementpraxis und auch die Strategiearbeit sehen aber anders aus. Es wird versucht, Mitarbeiter mit Finanzzielen, Performance-Indikatoren oder Leistungsanreizen zu motivieren. Mit faktenorientierten Powerpoint-Präsentationen und in einer oft unverständlichen Managementsprache sollen die Mitarbeiter von notwendigen Veränderungen überzeugt werden. Kein Wunder, dass viele zu wenig Sinn darin sehen, sich zu verändern.

Wenn Mitarbeiter mit Zielen nichts anfangen können, entsteht Widerstand oder es wird das Haar in der Suppe gesucht. „Diese Ziele sichern ja nur die Position und die Boni der Manager" oder Ähnliches ist dann zu hören. Und keiner will mehr verstehen, dass in einem herausfordernden Finanzziel auch die Sicherung der Eigenständigkeit eines Standortes gegenüber dem Konzern stecken kann.

Kraftvoller Change braucht daher sinnstiftende Visionen und wirtschaftliche Ziele, die vom Management so gut für die Mitarbeiter übersetzt werden, dass sie für die Betroffenen wiederum sinnstiftend sind.

Peter Senge beschrieb es in einem seiner Workshops treffend: „Profit for a company is like oxygen for a person – you cannot live without it – but for long term wealth you need guiding ideas."

Tipps

1 Sprechen Sie mit Ihren Mitarbeitern über die Annahmen und Ideen, die hinter den Finanzzielen stehen, und übersetzen Sie diese in sinnstiftende Ziele.

2 Schaffen Sie ein klares Bild darüber, was für Sie der Sinn Ihres Unternehmens oder Bereiches ist: Welchen Wert stiften wir? Wofür stehen wir? Warum soll es uns auch in Zukunft geben? Reden Sie darüber mit Ihren Kollegen und Mitarbeitern. Wofür wollen wir gemeinsam Kraft und Energie einsetzen?

3 Versuchen Sie einmal eine andere Art der Darstellung: Erklären Sie Ihren Mitarbeitern den Sinn einer Veränderung ohne Powerpoint-Folien, sondern über eine Geschichte, eine Zeichnung auf dem Flipchart oder einfach nur über sehr persönliche Worte.

Eine kreative Spannung halten

Der Visionär: Manager Stefan K. lebt in der Zukunft. Kein Tag vergeht, ohne dass ihm nicht Ideen für neue Geschäftspotentiale kommen. Voller Energie versucht er, seine Umgebung von einer schönen Zukunft zu begeistern. Heute ein Werk in China, morgen ein Joint Venture mit dem wichtigsten Wettbewerber, übermorgen ein neues Geschäftsmodell.

Der Pragmatiker: Hans J. ist ein fantastischer Problemlöser. Schnell erkennt er, was los ist, warum Sand im Getriebe ist, ebenso schnell und wirkungsvoll werden die Probleme gelöst. Fragen zur Zukunft beantwortet er damit, dass diese sowieso nicht planbar ist. Visionäre sind für ihn Zukunftsträumer, die das Geschäft nicht verstehen oder sich der Realität verweigern.

Beide Herren sind wenig wirkungsvolle Change-Manager. Beide sind nicht in der Lage, eine kreative Spannung aufzubauen. Peter Senge fordert von Führungskräften zwei Qualitäten: Sie können attraktive Zukunftsbilder kreieren, haben aber auch einen klaren, kritischen Blick auf Qualitäten und Probleme der bestehenden Situation.

Vision: Bild der gewünschten Zukunft

Kreative Spannung: Energiequelle, die aus dem Erkennen der Lücke zwischen Vision und Gegenwart entsteht

Gegenwärtige Realität: Bewusste Wahrnehmung der Gegenwart

Quelle: „Creative Tension" Peter Senge (MIT)

Stellen Sie sich die beiden Pole als gespanntes Gummiband vor. Fehlt es an Spannung, weil beide Punkte zu nahe beieinander sind, entsteht kein Change. Ist die Spannung überzogen, reißt das Band. Wirkungsvolle Manager beherrschen es, das Gummiband in die richtige Spannung zu bringen – in ihrem Denken, ihrem Handeln und vor allem in der Kommunikation.

Tipps

1 Gestalten Sie Ihr nächstes Meeting nach der Logik: Wo stehen wir heute (z. B. anhand einer kurzen SWOT-Analyse)? Wie sieht ein attraktives Zukunftskonzept aus (z. B. durch eine Beschreibung des Zustands in drei Jahren)? Was sind die drei bis fünf wichtigsten Ansatzpunkte, um dort hinzukommen?

2 Gestalten Sie Ihre nächste Rede als Führungskraft in der Logik „Creative Tension". Zeigen Sie Ihren Mitarbeitern, dass Sie Visionär und Realisierer zugleich sind.

3 Nehmen Sie sich ein Blatt Papier und beantworten Sie für Ihr anstehendes Veränderungsvorhaben die neun Fragen auf den Seiten 8 bis 10.

109

INNOVATIONEN DIE DIE WELT
VERÄNDERT HABEN

Eine Expedition in die Zukunft wagen

Ein Top-Manager einer europäischen Airline besuchte 1999 die US-Billig-Airline Southwest (Mutter der Low-Cost-Carrier, bekannt für ihre besondere Kultur und hohe Profitabilität). Was er hört, sind spannende Konzepte: eine Aircraft (Boeing 737) statt einer bunten Flotte; Point to Point statt Netzwerk; kein Verkauf über Reisebüros; kein reservierter Sitz; Piloten, die beim Reinigen helfen … Was er mitnimmt: Das läuft halt in den USA so, die Kultur der Amerikaner ist anders. In Europa wird so etwas nie funktionieren.

Kurz darauf flogen Ryanair, EasyJet & Co. den traditionellen Linien um die Ohren. Dabei wäre es die Chance schlechthin gewesen, eine mögliche Bedrohung für das eigene Unternehmen zu erspüren. Die mögliche Zukunft für die Branche findet sich häufig woanders. In einem anderen Land, in einer verwandten Branche, bei einem Start-up.

Erkunden Sie mögliche Bedrohungen und Zukunftschancen für Ihr Unternehmen mit offenen Augen und ohne Vorurteile. Tun Sie es nicht allein, sondern gemeinsam mit anderen Schlüsselpersonen.

Tipps

1 Planen Sie eine gemeinsame Lernreise für das Top-Management. Widmen Sie eine Woche pro Jahr der Erkundung der Zukunft. Reisen Sie in fremde Kulturen, andere Branchen und suchen Sie Neues statt Bestätigung.

2 Setzen Sie eine Gruppe junger „Wilder" ein und schicken Sie diese auf Entdeckungsreise, um fremde Kulturen sowie Chancen und Bedrohungen zu erkunden. Vernetzen Sie diese Querdenker dann intensiv mit dem bestehenden Establishment.

3 Studieren Sie Branchenrebellen. Finden Sie Unternehmen, die in deren Branche etwas ganz anderes machen. Erkunden Sie, was es ist und wie es dazu kam. Hinterfragen Sie, warum Google, Nespresso, Ikea und andere erfolgreich sind und was Sie davon für Ihre Unternehmensentwicklung ableiten können.

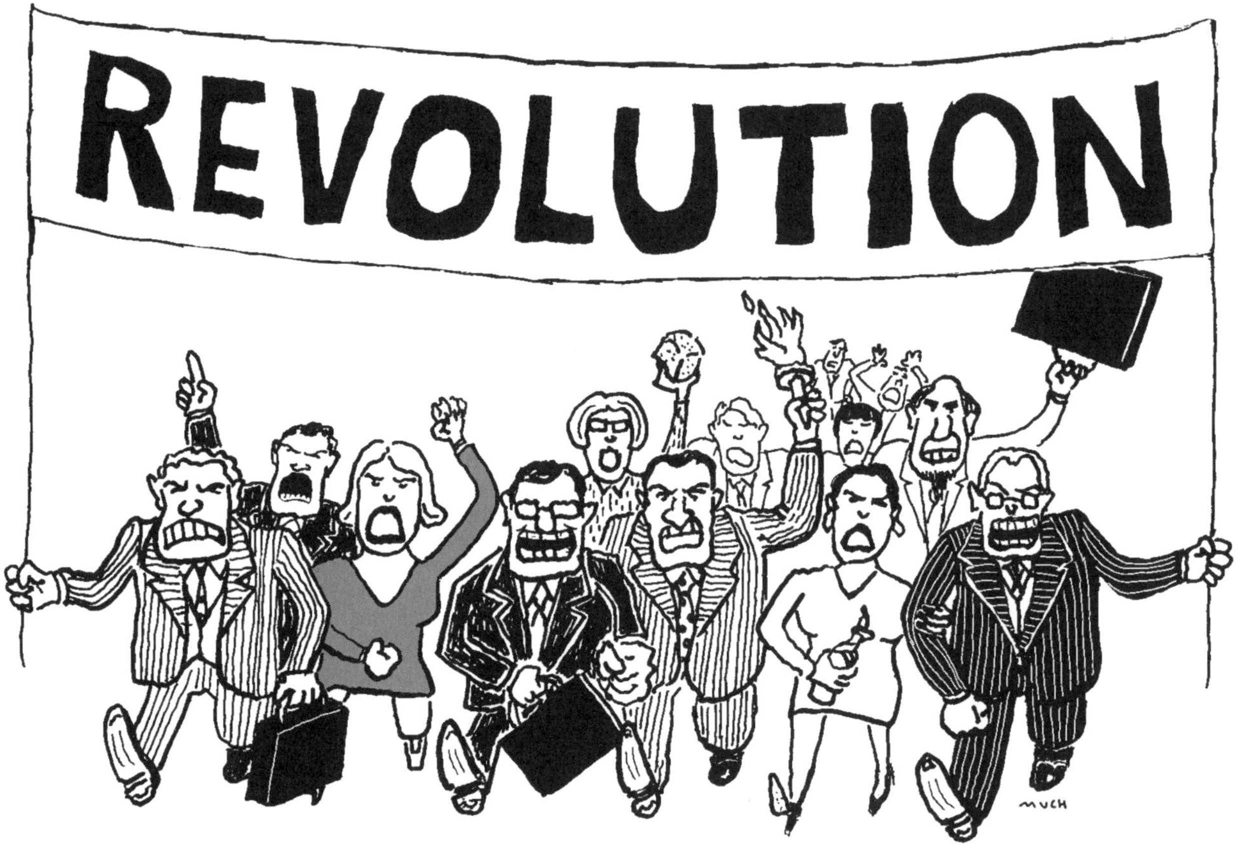
REVOLUTION
MUCH

Eine Revolution anzetteln

Unlängst selbst erlebt: Etwa 30 Personen sehen gemeinsam Yann Arthus-Bertrands fantastischen Film „Home". Die faszinierenden Bilder, kombiniert mit erschreckenden Fakten zu den ökologischen und sozialen Folgen der Industrialisierung, berühren die Zuschauer tief. Allen ist klar, dass das System „Erde" an seine Grenzen gelangt ist. Was können Einzelne, was können wir als Unternehmen in Anbetracht der globalen Ausmaße tun oder bewirken? Diese Fragen bewegen alle.

„The Necessary Revolution" – Peter Senge bringt es mit dem Titel seines Buches auf den Punkt. Er sieht das Dilemma: Das Gefühl lähmt, nichts beitragen zu können, um ein Unternehmen, eine Branche, ein Land oder sogar das vorherrschende Paradigma von Produktion und Konsum verändern zu können. Daher wird es gar nicht erst versucht.

Eine Revolution lässt sich nicht zentral planen. Auch die industrielle Revolution wurde nicht staatlich geplant oder durch eine geniale Business-Idee losgetreten. Stattdessen waren es zahllose Einzelinitiativen, die letztlich eine kritische Masse erreichten und damit fundamentale Veränderung bewirkten. Peter Senge ist zuversichtlich: Auch diesmal wird es so sein – und jede Aktivität zählt. Was braucht es, damit die Zukunft beginnen kann?

Es braucht aufmerksame Menschen, die die Tragweite des Problems erkennen und verstehen. Aufrichtige Besorgnis kombiniert mit der Idee einer besseren Zukunft lässt sie die Dinge anders sehen und innovative Möglichkeiten erdenken.

Tipps

1 Berücksichtigen Sie die Systeme, in die wir eingebettet sind. Betrachten Sie die gesamte Wertekette, erkennen Sie, wie stark die Wirtschaft von Umwelt und Gesellschaft abhängt: „The Tragedy and Opportunity of the Commons".

2 Arbeiten Sie über Organisationsgrenzen hinweg zusammen, um gemeinsame Intelligenz zu nutzen und konsensfähige Lösungen zu finden. Das heißt: Menschen aus anderen Organisationen persönlich kennenlernen, Lernreisen machen.

3 Lassen Sie ein echtes Anliegen Wirklichkeit werden: Zukunft gestalten statt reaktives Problemlösen.

4 Finden Sie andere Menschen, die ein ähnlich attraktives Zukunftsbild haben und sich „anstecken" lassen.

113

6 Den Change kraftvoll steuern

Manche meinen, nach einer umfassenden Analyse und der Einigung auf ein gemeinsames Zukunftsbild ist der Großteil der Aufgabe erledigt. In Wirklichkeit geht es jetzt erst richtig los. Nun heißt es, Energie zu mobilisieren und dranzubleiben.

Wichtige Qualitäten bei der Steuerung von Veränderung sind der Umgang mit Geschwindigkeit und Komplexität sowie das Vorleben von Konsequenz, Mut und Gelassenheit.

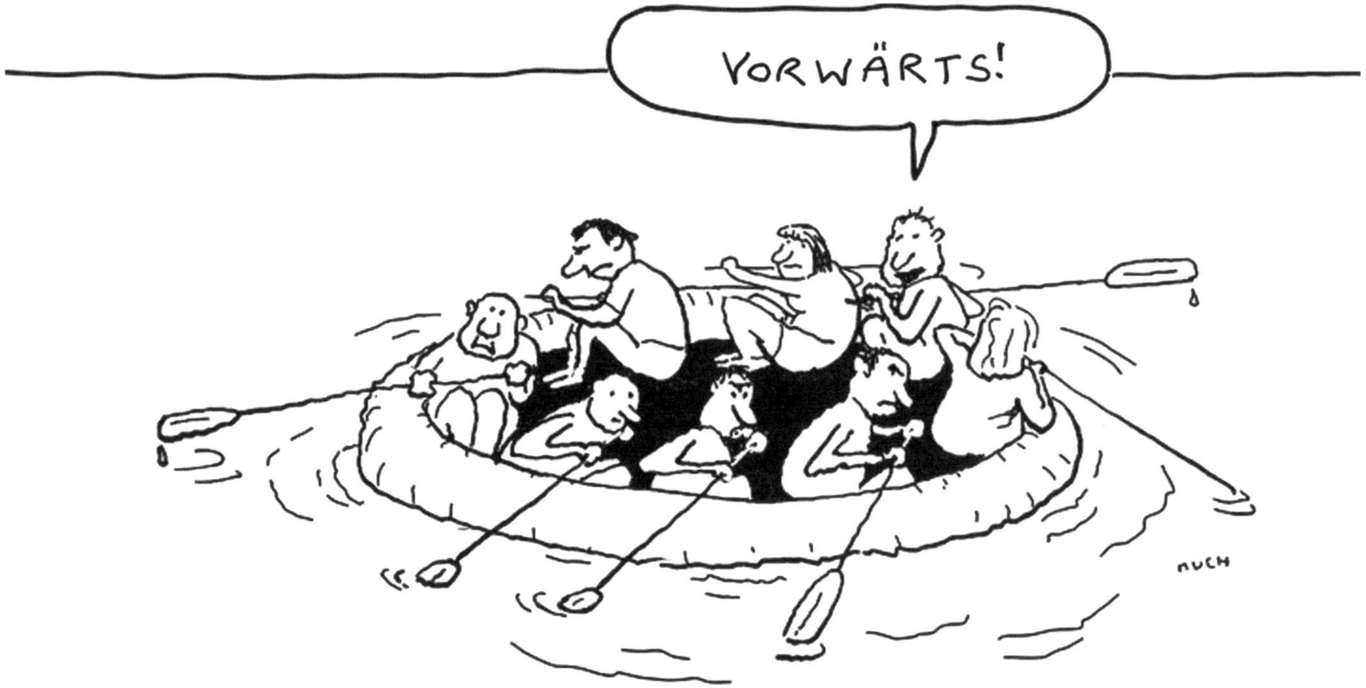
VORWÄRTS!
MUCH

Zielgerichtet dranbleiben

Das mit den Zielen ist so eine Sache, nicht nur in Veränderungsprozessen. Smart sollen die Ziele sein: spezifisch, messbar, attraktiv, realistisch, terminiert. Soweit die Theorie. In der Praxis aber gehen viele Ziele nicht über Leerformeln hinaus, von Messbarkeit und Überprüfbarkeit keine Spur. Nicht immer liegt das daran, dass sich Führungskräfte und Entscheidungsträger nicht festlegen wollen. Häufig mangelt es auch an einer klaren Vision oder einem Zukunftsbild, das angestrebt werden soll. Doch nicht jeder ist mit ausgeprägter Visionsfähigkeit gesegnet. Wie soll man dann zu Zielen kommen?

Vielen Menschen fällt es leichter, sich konkreten Zielformulierungen zu nähern, indem sie gemeinsam mit Kollegen überlegen, was im anstehenden Veränderungsprojekt nicht passieren darf. Rahmenbedingungen und Nicht-Ziele dienen als Leitplanken und engen so den Zielfokus ein. Zugleich geben Nicht-Ziele auch Sicherheit und können persönliche Ängste in Veränderungsprozessen verringern.

Im laufenden Veränderungsprojekt müssen die Ziele und daraus abgeleitete Zwischenziele und Meilensteine regelmäßig (wöchentlich, monatlich, quartalsmäßig) überprüft werden: Sind wir noch am richtigen Weg? Werden wir unsere Ziele erreichen? Haben sich Vorgaben oder Rahmenbedingungen verändert und müssen wir die Ziele adaptieren? Und wenn die Ziele zuvor auch wirklich gemeinsam vereinbart wurden, dann sollte einer Zielerreichung nicht mehr viel im Wege stehen.

Tipps

1 Eine messbare Zieldefinition ist Voraussetzung für ein späteres Ziele-Controlling. Prüfen Sie stets vorab, ob Sie die definierte Zielerreichung auch überprüfen können (ohne dabei trickreich zu interpretieren).

2 Definieren Sie Nicht-Ziele, damit auch klar abgegrenzt ist, was keinesfalls passieren darf. So geben Sie noch mehr Orientierung und verringern zugleich Ängste.

3 Ziele dürfen nicht in der Schublade verkommen. Machen Sie Ziele sichtbar. Und noch wichtiger: Prüfen Sie regelmäßig gemeinsam den Fortschritt zur Zielerreichung. Ändern sich wesentliche Rahmenbedingungen, dann dürfen Ziele auch angepasst werden. Aber nur dann.

JEDEN DIENSTAG VERSAMMELT KÖNIG ARTUS
SEINE MANAGERRUNDE

Change im Managementalltag verankern

In der Strategieklausur am Wochenende, in entspannter Umgebung, beschloss man, das Produktportfolio zu ändern und im nächsten Jahr den Schwerpunkt auf Kundenservice zu setzen. Am Montag darauf holte das Tagesgeschäft dann wieder alle ein. Es tauchten erste Zweifel auf, ob das, was in der Euphorie der Klausur vereinbart wurde, wirklich machbar ist. Da aber keine Zeit war, mit den Kollegen diese Zweifel zu besprechen, passierte gar nichts. Die Dinge verliefen im Sand.

Erstaunlich, wie leicht sich Parallelwelten entwickeln – zwischen dem, was in Workshops erarbeitet wird, und dem täglichen Handeln. Die Ursache dafür liegt oft in den Systemen und Strukturen, die unser Handeln im Arbeitsalltag steuern (Zielvereinbarungen, Entlohnungssysteme, Budgets), und der Art, wie Entscheidungen getroffen und kommuniziert werden. Erst wenn der Change in diesen Systemen verankert wird, also zum Beispiel Bonussysteme verändert werden oder sich strategische Prioritäten im Budget des Folgejahres wiederfinden, wird neues Verhalten entstehen.

Die Herausforderung für den Change-Manager besteht darin, zu erkennen, welche etablierten Systeme und Strukturen die Veränderung konstruktiv unterstützen können und welche über Bord geworfen werden müssen.

Tipps

1 Schauen Sie sich die Jahresziele des Managements kritisch an: Wo finden sich die Veränderungsvorhaben wieder? Welche Anreize gibt es, die Dinge auch umzusetzen?

2 Setzen Sie ein Umsetzungs-Controlling der vereinbarten Maßnahmen auf die Agenda Ihres Management-Jour-fixe: Regelmäßig sollte ein kurzes, effizientes Review des Umsetzungsstatus stattfinden, in größeren Abständen inhaltliche Reviews und Zwischenevaluierungen.

3 Überprüfen Sie die Budgetansätze: Finden sich darin geplante Einsparungsmaßnahmen wieder? Sind in der Umsatzplanung die in der Strategie entwickelten neuen Geschäftsfelder abgebildet?

119

Geschwindigkeit und Rhythmus steuern

Trotz moderner Technik in unseren Autos ist es schlicht nicht möglich, immer und überall gleich schnell dahinzubrausen. Schnurgerade Landstraßen und Autobahnen erlauben andere Geschwindigkeiten als kurvige Bergstraßen. Stark befahrene Verkehrswege, langsamere Verkehrsteilnehmer oder ungünstigere Witterungsverhältnisse erfordern ein anderes Fahrverhalten. Als Autofahrer haben die meisten von uns ein gutes Gefühl entwickelt, kennen die Verkehrsregeln und dosieren ihr Fahrverhalten entsprechend.

Beim Management von Change-Prozessen müsste ähnlich bewusst mit Geschwindigkeit und „Fahrstil" umgegangen werden. Die Muster des Unternehmens sind nicht so klar und transparent sichtbar wie Regeln im Straßenverkehr. Wir müssen aufmerksam hinschauen, um die „Straßenbeschaffenheit, Witterungsverhältnisse und Verkehrslage" zu erkennen. Und, wenn es rasch gehen muss, sind günstigere „Ausweichrouten" nötig, an denen es schneller und besser vorangeht. Oder auch andere „Verkehrsmittel".

Manche Dinge brauchen Zeit, manche Dinge müssen schnell erledigt werden. Die Kunst im erfolgreichen Management von Veränderungen liegt auch im richtigen Umgang mit Geschwindigkeiten. Manchmal kann dabei ganz bewusst entgegen der Logik von Organisationen gehandelt werden – in einer schnellen Organisation kann bewusstes Verlangsamen, in einer trägen kann Beschleunigen den richtigen Impuls bringen.

Tipps

1 Nehmen Sie die Steuerung der Veränderung ernst. Berufen Sie dafür regelmäßige Meetings mit den Trägern des Change-Prozesses ein. Reflektieren Sie dort den Fortschritt des Veränderungsprozesses und schauen Sie bewusst auf den Umgang mit Geschwindigkeit und das Vorankommen bei Ihren Vorhaben.

2 Erweitern Sie den Teilnehmerkreis zur Steuerung und Kommunikation der Veränderung an bestimmten Punkten auch um Mitarbeiter und andere Stakeholder. Gruppenveranstaltungen, in denen an Teilergebnissen gerüttelt und deren Umsetzung besprochen werden, sind ein verlässliches Messinstrument für mögliche beziehungsweise erforderliche Geschwindigkeit.

3 Berücksichtigen Sie die Verhaltensmuster Ihrer Organisation bei der Planung von Interventionen: Bilden Sie Hypothesen, wie Ihre Organisation mit Geschwindigkeit und Druck umgeht, und bewerten Sie diese. Entscheiden Sie sich erst dann für die passende Vorgehensweise.

Komplexität bewältigen, nicht reduzieren

Eine Projektteamsitzung wird einberufen: Eine große organisatorische Veränderung steht an, es gibt viele Baustellen, viele Abhängigkeiten, viele Beteiligte. Der Projektleiter stöhnt: „Noch so viele Punkte, so wenig Zeit, und überhaupt: Wo fangen wir an?"

Vielleicht kennen Sie solche oder ähnliche Situationen. Man versinkt in Details, ein Problem führt zum nächsten, die Situation scheint einfach zu komplex. Wie kann hier eine Lösung gelingen?

Zunächst muss man einmal die Bürde der Komplexität abwerfen: Ja, die Realität ist komplex, vieles ist nicht eindeutig. Das zu erkennen, ist befreiend. Es braucht nicht den Anspruch, für jeden möglichen Zustand alle möglichen Konsequenzen zu beschreiben und das Ganze in ein Optimierungsmodell zu packen. „Komplexität bewältigen, nicht reduzieren" heißt in einem ersten Schritt, Komplexität zu erkennen und zu sehen, dass es grundsätzlich viele Möglichkeiten gibt.

Umgang mit Komplexität heißt auch Selektion. Selektive Wahrnehmung ist Problem und Lösung zugleich. Zunächst heißt das, sich bewusst zu sein, nicht alles wahrnehmen zu können (und damit schon auszuwählen), und dann diejenigen nächsten Schritte zu setzen, die nach eigener Einschätzung zielführend und zu bewältigen sind.

Umgang mit Komplexität ist also kein mathematisches Problem, sondern Selektion, Interpretation und – um zu unserem Projektteam zurückzukommen – Abgleich von Wahrnehmungen. Im Projektteam braucht es Austausch darüber, welche der vielen Themen (wann) relevant oder irrelevant sind.

Tipps

1 Ändern Sie die Flughöhe. Die Verlockung, sich in Detailfragen zu vertiefen, ist groß. Umso wichtiger ist, den Ausschnitt immer wieder neu zu skalieren und das Gesamtbild zu sehen.

2 Betrachten Sie das System von außen: Das Gesamtbild ist manchmal schwer zu erkennen, wenn man Teil des Bildes ist. Nutzen Sie die Sicht Externer, um das große Ganze und Muster zu erkennen.

3 Fragen Sie sich, was Sie erreichen möchten. Je schärfer und einfacher das Ziel ist, umso leichter ist es, aus den vielen Möglichkeiten auszuwählen.

4 Machen Sie es wie Beppo Straßenkehrer aus Michael Endes Buch „MOMO": Ein Schritt, ein Atemzug, ein Besenstrich. Die zunächst erschreckend lange Straße ist gut zu bewältigen, wenn man einen Schritt nach dem anderen setzt.

123

Den Weg erklären

Sie machen mit Freunden eine Reise an die französische Atlantikküste. Sie kennen sich aus, sind schon einige Tage früher angekommen und genießen bereits in einem Bistro das Rauschen des Meeres und ein gutes Glas Wein. Sie sind von der Reise müde, aber sonst rundum zufrieden. Ihre Freunde dagegen wurden in Paris aufgehalten. Ein Navigationsgerät haben sie nicht und keiner spricht Französisch. Am Telefon erzählen Sie ihnen begeistert, wie schön es an der Küste ist, ermuntern sie, möglichst schnell zu kommen, und beschreiben in den schönsten Tönen, was Sie gerade tun. Leider verstehen Ihre Freunde sie nicht, denn sie kämpfen sich im selben Augenblick durch den Großstadtverkehr und wissen nicht, wo sie abbiegen müssen, um aus Paris rauszukommen.

Wie oft erklären wir als Manager unseren Mitarbeitern attraktive Ziele beziehungsweise die schöne neue Welt? Unsere Mitarbeiter hören sich die Geschichten an, sind aber gerade damit beschäftigt – vielleicht auch überfordert –, die erste Etappe eines langen Veränderungsweges zu bewältigen. Wo fange ich an, was mache ich an der nächsten Kreuzung? Wie werde ich mich in einer für mich fremden Umgebung zurechtfinden?

Im Change werden Wegbegleiter gebraucht, Menschen, die nicht nur über das Ziel schwärmen können, sondern praktische Tipps für den Weg parat haben. Können Sie sich vorstellen, ein solcher zu sein?

Tipps

1 Laden Sie im Zuge Ihres Veränderungsweges eine bunt gemischte Mitarbeitergruppe zu einem dreistündigen Meeting ein und fragen Sie: Wo stehen sie gerade, was verwirrt sie, was verunsichert sie? Welche Dinge brauchen sie, um loszugehen? Welche Art von Wegbegleiter wird gebraucht?

2 Buchen Sie vor einem größeren Veränderungsprozess eine geleitete Tour: Mit einem Skiführer, mit einem Bergführer oder sonst jemandem, der Sie in unbekanntes Gebiet begleitet. Beobachten Sie bei sich selbst, was Ihnen hilft, sich auf einen neuen Weg einzulassen, und wann bei Ihnen Unsicherheit aufkommt.

3 Zeichnen Sie eine Landkarte des Change-Weges, den Sie vor sich sehen. Tragen Sie schwierige Strecken, Gefahrenstellen oder unsicheres Gelände ein. Der Weg wird zwar in der Praxis sicher anders aussehen, aber Ihre Landkarte hilft, die herausfordernden Dinge vorab besser zu erkennen und Mitarbeiter nicht zu überfordern.

125

Die Veränderung eigenverantwortlich steuern

Fall 1: Eine Montageabteilung leidet seit Jahren unter der großen Anzahl an Reklamationen. Der neue Abteilungsleiter hat mit seinen Mitarbeitern die Reklamationsgründe analysiert und zehn Hauptursachen gefunden. Seitdem nun jeder Montagetrupp wöchentlich eine Statistik „seiner" Reklamationen bekommt, ist ein richtiger Wettbewerb um die geringste Reklamationsanzahl entstanden. Und vor allem werden auch die Verursacher in anderen Abteilungen mit ziemlicher Konsequenz auf ihre Fehler hingewiesen.

Fall 2: Die Debitorenbuchhaltung soll die Zahl der Außenstände reduzieren und hat dafür ein Maßnahmenpaket entwickelt. Täglich wird abends auf einer Pinnwand der aktuelle Stand an offenen Posten eingetragen, und bereits nach vier Wochen ist eine Senkung um 30 Prozent eingetreten.

Was ist das Gemeinsame an der Steuerung dieser beiden Veränderungsvorhaben? In beiden Fällen wurden ganz einfache Controlling-Systeme installiert, die ohne große technische Investitionen genau das liefern, was zur Steuerung notwendig ist. Und zwar für alle betroffenen Mitarbeiter, zeitnah, transparent und einfach.

Selbststeuerung statt Fremdsteuerung zu etablieren ist eine der Voraussetzungen für besonders nachhaltige Change-Management-Projekte. Nur so kann der gefürchtete Rückfall in alte Muster verhindert werden, wenn die Promotoren der Veränderung nicht mehr da sind oder sich neuen Aufgabenstellungen zugewendet haben.

Tipps

1 Sprechen Sie mit Branchenkollegen oder anderen Führungskräften über deren Erfahrungen mit besonders wirkungsvollen und zeitnahen Steuerungssystemen. Es gibt dafür eine Vielzahl gelungener Beispiele und es muss ja nicht alles zweimal erfunden werden.

2 Nutzen Sie die Ideen Ihrer Mitarbeiter. Organisieren Sie einen Ideenfindungsworkshop, in dem gemeinsam darüber nachgedacht wird, welche Daten, wann und in welcher Form am besten für die Selbststeuerung genutzt werden können.

3 Sparen Sie nicht mit Anerkennung für erreichte Ziele oder Meilensteine. Diese können, müssen aber nicht zwangsläufig finanzieller Art sein. In jedem Fall sollten das Veränderungsprojekt und die erreichten Verbesserungen Fixpunkt auf der Agenda interner Sitzungen oder Workshops sein.

127

Das Handwerk Projektmanagement beherrschen

Change Management ist eine Kunst. Der Change-Architekt gestaltet den Veränderungsprozess mit viel Erfahrung und Kreativität. Wie ein Künstler muss er aber auch handwerkliche Fähigkeiten besitzen – so wie ein Maler Maltechniken beherrschen oder ein Fotograf alles über Belichtung, Lichtverhältnisse, Filter etc. wissen muss. Nur selten ernten diese handwerklichen Fähigkeiten die Bewunderung bei Vernissagen und Ausstellungen – und doch sind sie unerlässliche Faktoren für den Erfolg.

Die wichtigste handwerkliche Grundtechnik des Change Management ist das Projektmanagement, denn bereits die Gestaltung des Projektauftrags und des Projektstrukturplans kann über Erfolg oder Misserfolg entscheiden. Es gilt, hochkomplexe Veränderungsprojekte in beschreibbare und strukturierte Arbeitspakete zu gliedern. Meilensteine definieren wichtige Zwischenergebnisse. In Abwandlung einer alten Weisheit heißt es: „Zeig mir, wie Du das Projekt aufgesetzt hast, und ich sage Dir, wie es endet."

Viele Change-Projekte scheitern, weil sie sich im (N)Irgendwo verlieren. Ziele sind schwammig, Planungen vage und Maßnahmen zu wenig aufeinander abgestimmt. Meilensteine fehlen und Change-Manager können kaum objektiv feststellen, ob sie noch am richtigen Weg sind. Daher brauchen auch Change-Projekte ein Controlling zur effektiven Steuerung des Prozesses. In der Regel nimmt diese Aufgabe der Change-Manager wahr. Zusätzlich kann hier ein externer Blick den Fokus schärfen und die Steuerung verstärken.

Tipps

1 Ein Projektauftrag ist vom Projektleiter in Abstimmung mit dem Auftraggeber auszuarbeiten – oder auch umgekehrt. Im Idealfall gibt es dafür einen verbindlichen Standard im Unternehmen.

2 Der Projektauftrag muss unbedingt unterschrieben werden, zumindest von Auftraggeber und Projektleiter. Zusätzlich können auch Projektsponsor und Mitglieder des Entscheidungsgremiums (Steuerungsgruppe, Lenkungsausschuss) unterschreiben.

3 Beim Controlling von Change-Prozessen sind Termine, Qualität der Ergebnisse und auch Kosten zu steuern. Am einfachsten geht das auf Basis eines Projektstrukturplans. Arbeitspakete werden zu Berichtszeitpunkten mittels eines Ampelschemas eingefärbt.

129

GERÜSTET FÜR DIE KRISE

Persönliche Gelassenheit entwickeln

Klingt die Aufforderung, Gelassenheit zu entwickeln, nicht wie ein Anachronismus, angesichts der vielen Veränderungen und Unsicherheiten, mit denen sich Manager und Mitarbeiter täglich abmühen?

Wirtschaftsexperten rufen zu mehr Gelassenheit in der Finanzkrise auf. Trainer und Berater empfehlen Führungskräften: Strahlen Sie Ruhe und Gelassenheit aus!

Doch in unserem modernen Geschäftsleben haben Gelassenheit, Ruhe und Besinnlichkeit offensichtlich keinen Platz mehr. Machbarkeit, Selbstbeherrschung, Disziplinierung und die Illusion einer widerspruchsfreien Objektivität haben uns fest im Griff.

Was steckt hinter dem Wort „Gelassenheit"? Es bedeutet das Gegenteil von Unruhe, Aufgeregtheit und Stress. Es hat mit Loslassen zu tun, mit Loslassen von Gewohnheiten, Erfahrungen, Verhaltensmustern und von der Vergangenheit. Es geht aber auch um Zulassen. Um das Zulassen von Widersprüchlichem, das wir in uns und um uns erleben. Gelassen sind die, die in der Gegenwart leben und auf die Zukunft vertrauen.

Gelassenheit (oder modern ausgedrückt: Coolness) ist auch das bewusste Vertrauen auf Stärken sowie der offene Umgang mit Schwächen und Ängsten – kurz: eine wunderbare Form des Selbstbewusstseins und der Selbstakzeptanz.

Tipps

1 Gelassenheits-Gebet: „Gott gib mir die Gelassenheit, die Dinge hinzunehmen, die ich nicht ändern kann, den Mut, die Dinge zu ändern, die ich ändern kann, und die Weisheit, das eine vom anderen zu unterscheiden." *(Reinhold Niebuhr)*

2 Regen Sie sich nicht auf: Der aufgeregte Mensch ist weder gut für sich noch für andere. Er erzeugt Unruhe, Unsicherheit und behindert andere, sich richtig zu verhalten.

3 Seien Sie sich über eines stets im Klaren: Nichts und niemand kann Sie aufregen. Es ist immer nur Ihre ganz persönliche Entscheidung. Schon Epiktet sagte: „Es sind nicht die Ereignisse, die uns beunruhigen, sondern die Vorstellung davon."

Flow und Energie nützen

Wenn sich Menschen völlig auf eine Aufgabe einlassen, dabei das Umfeld und auch die Zeit nicht mehr wichtig sind, entsteht Flow. So hat der Psychologe Mihaly Czikszentmihalyi den Zustand beschrieben, in dem eine Aufgabe mit Freude und hoher Motivation gelöst wird. Voraussetzung für den Zustand des Flow ist die Übereinstimmung von Anforderung, Fähigkeit (weder Überforderung noch Langeweile) und Zielklarheit.

Ein Beispiel: In einer Bank wurden zwei Teams zusammengelegt. Sie erkannten bald, dass sie nicht optimal zusammenarbeiteten, ohne dafür sachliche Gründe zu finden. Erst die Auseinandersetzung über die Inhalte ihrer Aufgaben ließ sie erkennen, dass jeder von ihnen bestimmte Dinge gern und mit Freude machte, andere nicht. In der Folge wurde die Aufgabenverteilung neu gestaltet – nicht nach theoretischen Konzepten, sondern nach dem Prinzip des Flow: Mach das, was Dir Freude bereitet und was Dich im richtigen Ausmaß fordert.

Es brauchte etwas Überwindung, die bis zu diesem Zeitpunkt „heiligen" Stellenbeschreibungen umzustoßen. Hat man es aber geschafft, war es einfach, die Veränderung umzusetzen – es führte zu einer positiven und motivierten Atmosphäre im Team und zu hoher Effizienz.

Tipps

1 Schreiben Sie fünf Tage lang alle drei Stunden auf, was Sie gerade gemacht haben. Bewerten Sie den Level Ihrer Motivation von -3 bis +3.

2 Lassen Sie das auch Ihre Kollegen im Team machen. Tauschen Sie sich darüber aus, wer was mit welcher Motivation und Energie macht – ohne dabei zu bewerten!

3 Lösen Sie sich vom Zwang, dass Aufgabenverteilungen logisch sein müssen. Achten Sei bei Reorganisationen auf Energie und Fähigkeiten von Menschen, um auch über die eine oder andere personenbezogene Lösung Flow zu bewirken.

7 Als Führungskraft die Veränderung vorleben

Führungskräfte sind sich ihrer Wirkung in Veränderungsprozessen oft nicht ausreichend bewusst. Während sie von ihren Mitarbeitern Offenheit für das Neue verlangen, verhalten sie sich selbst wie bisher – oder noch schlimmer: Sie predigen Wasser und trinken Wein.

Ohne das Vorleben der Veränderung von Schlüsselpersonen werden Menschen nicht in diese „neue Welt" mitgenommen. Statt Vertrauen entstehen Doppelbödigkeit, Mutlosigkeit und Zynismus. Das ist Gift für alle Veränderungsvorhaben.

Die Karten auf den Tisch legen

Ein Unternehmen mit 800 Mitarbeitern wurde 15 Jahre lang in bewährter Weise geführt. Die Pensionierung des CEO stand kurz bevor, und anstatt der erwarteten internen Nachbesetzung wurde ein Nachfolger von außen präsentiert, der zunächst als Stellvertreter des alten CEO fungierte.

Der Neue arbeitete sich rasch ein, auch in die Unternehmenskultur, und lernte den Umgang mit den internen Netzwerken und Seilschaften. Er war offen, angenehm, unterstützte seinen Vorgänger und ließ einen glatten und unspektakulären Übergang erwarten.

Sobald er die Führung übernommen hatte, wurde alles anders. Er erläuterte den Auftrag seitens des Aufsichtsrates, und der lautete: einschneidende Veränderungen, rasche Verbesserungen in Effizienz und Kostenmanagement, Einführung einer neuen Unternehmenskultur. Das Ganze sollte auf Basis einer starken und positiven Vision umgesetzt werden, mit klaren und von allen akzeptierten Zielen, einem umsetzungsorientierten Führungsstil sowie laufender und offener Bewertung der Maßnahmen. Die Mitarbeiter hörten zu, warteten ab und hofften das Beste.

In den nächsten sechs Monaten tauschte er das halbe Managementteam aus, entwickelte allein eine neue Vision und präsentierte sie in einer Versammlung allen Mitarbeitern. Die Kommunikation im Unternehmen lief überwiegend schriftlich, auch mit dem Managementteam, die Strategie wurde mehrmals geändert.

Der neue CEO sah sich schließlich vielen negativen Gerüchten in der Belegschaft gegenüber. Die Unternehmenskultur wurde rapide schlechter, die besten Leute kündigten und die mittlere Führungsebene stand geschlossen auf der Seite der Mitarbeiter, die sich gegen die Veränderungen stellten.

Was war schiefgelaufen?

Tipps

1 Menschen wollen rasch Klarheit. Drücken Sie Ihre persönlichen Überzeugungen aus und reden Sie mit Ihren Mitarbeitern darüber

2 Wenn Sie neu in ein Unternehmen kommen, machen Sie eine Tour durch die Abteilungen. Hören Sie in Workshops darauf, was die Basis bewegt, lernen Sie die Kultur und die Schlüsselpersonen kennen und finden Sie die wichtigen Ansatzpunkte für Weiterentwicklung.

3 Führen Sie einen Großgruppendialog anstelle der klassischen Betriebsversammlung: Teilen Sie Ihren Mitarbeitern Ihre Überlegungen mit, geben Sie ihnen Zeit, miteinander das Neue zu „verdauen" und stellen Sie sich dem Dialog, den Ängsten, Bedenken und Einwänden.

137

ES WIRD EINIGE VERÄNDERUNGEN GEBEN, ABER KEINE ANGST
GERADE DAS MACHT MIR ANGST
MUCH

Dialog zulassen und fördern

Herr Böhmer schaut in die erwartungsvoll auf ihn gerichteten Gesichter. Seine einleitende Frage: „Wie können wir als Team besser werden?", wurde offensichtlich nicht als Frage verstanden. Sein Leitungsteam, sieben stattliche Mann stark, fühlt sich in keiner Weise angesprochen. Wie immer erwarteten sie, dass er, Böhmer, alles weiß und die Antwort gleich mitliefert. Meistens ist ihm das auch das Liebste. Denn erstens versteht er das Geschäft tatsächlich ausgezeichnet – immerhin ist er schon seit 35 Jahren im Betrieb –, und zweitens sind ihm Gruppendiskussionen ein Greuel. In derartigen Situationen besteht doch immer die Gefahr, dass Unüberlegtes und Unausgegorenes besprochen werden muss und statt Ordnung nur noch mehr Verwirrung entsteht. Die Entscheidungen am Ende kann ihm ja doch keiner abnehmen.

Aber diesmal machen ihn die erwartungsvollen Gesichter nervös, ja geradezu ein wenig ärgerlich. Die Performance seines Betriebs innerhalb der Gruppe lässt zu wünschen übrig. Woran es aber liegt, ist ihm nicht ganz klar, er hat keine Antwort parat. Daher hatte er beschlossen, die ganze Sache einmal ganz offen mit seinem Team zu besprechen. Und nun das: Keiner sagt ein Wort, nur abwartendes Schweigen.

Überlegen Sie mal, warum sollen Mitarbeiter plötzlich aktiv werden, wenn davor meistens direktiv vorgegangen wurde? Es könnte für den Einzelnen sehr gefährlich werden, sich plötzlich vorzuwagen, wenn offener Dialog nicht zur Alltagskultur im gemeinsamen Arbeiten gehört. Direktiven vermitteln Sicherheit, sie sind zeitökonomisch und verhindern Reibungsverluste. Aber sie begrenzen ebenso das Denken, die Phantasie und den Handlungsspielraum von Menschen. Alles Zutaten, die für erfolgreichen Change nötig sind.

Tipps

1 Dialoge zulassen und fördern kann eine Führungskraft nur dann, wenn sie ihren Mitarbeitern in einer Haltung des Vertrauens und des Zutrauens begegnet. Denn dann trauen sich Menschen auch, aus der Deckung zu kommen. Überprüfen Sie gelegentlich Ihr Menschenbild sowie Ihre Einstellung konkreten Mitarbeitern gegenüber. Ein persönliches Coaching könnte dabei hilfreich sein.

2 Schaffen Sie Denkräume für Teams. Durch gezielte Regeln des offenen Zuhörens, Nachfragens und Ausreden-Lassens kann jenes intelligente Wissen abgerufen werden, das in Veränderungssituationen nötig ist.

3 Erleben Sie, wie befreiend es sein kann, als Führungskraft in einem Entwicklungsprozess zwar die Letztverantwortung, aber nicht die Alleinverantwortung zu tragen.

139

Schlüsselbotschaften konsequent verfolgen

Die Führungskraft im Veränderungsprozess könnte man so beschreiben: Es ist diejenige Person, die dafür sorgt, dass etwas geschieht; sie muss diejenigen überzeugen, die alles daran setzen, dass nichts geschieht; sie muss diejenigen motivieren, die zusehen, wie etwas geschieht, und sie muss diejenigen informieren, die keine Ahnung haben, was überhaupt geschieht!

Um diese Herausforderungen bewältigen zu können, braucht es Worte und Taten, die Ergebnisse liefern – nicht solche, die nur gut klingen oder Sie als Führungskraft gut dastehen lassen. Es braucht klare Schlüsselbotschaften. Damit helfen Sie Ihren Mitarbeitern zu verstehen, warum sich etwas ändern soll, und einzusehen, was sich ändern soll. Und Sie stellen den individuellen Bezug her, was es für jeden Einzelnen bedeutet. Erst wenn die Botschaften diesen Weg durchlaufen haben, kann jeder die Veränderung annehmen und mit Freude sagen: „Ja, das will ich!" Der Schritt in Richtung Selbstverständlichkeit („Es ist meins!"), ist dann nur noch ein kleiner.

Wenn Sie als Führungskraft glauben, dass Sie alles schon viel zu oft wiederholt haben und die Botschaft eigentlich jedem schon auf die Nerven geht, dann erst beginnt die Kraft der Schlüsselbotschaft zu wirken.

Tipps

1 Strukturieren Sie Schlüsselbotschaften nach folgendem Schema:
Sagen Sie, was Sie sagen werden!
Sagen Sie es!
Sagen Sie, was Sie gesagt haben!

2 Konzentrieren Sie sich auf maximal drei Schlüsselbotschaften. Halten Sie die Kernsätze kurz. 10 Sekunden oder 30 Worte!

3 Bedenken Sie die Wirkung Ihrer Körpersprache: 75 Prozent der Botschaft wird über die Körpersprache transportiert, also überwiegend unbewusst wahrgenommen. Und – wenn Sie Ihre verbalen Botschaften nicht leben, wird sich nichts ändern.

141

Das Geschäft in der Praxis erleben

Sie fahren im Erste-Klasse-Waggon der Bahn. 30 Grad, das Abteil ist voll, Klimaanlage gibt es keine, der Servicewagen ist nicht besetzt. Auf halbem Weg müssen Sie umsteigen. Jetzt gibt es nicht einmal eine Erste Klasse, obwohl Sie dafür bezahlen. Die lapidare Antwort des Zugbegleiters auf Ihre Beschwerden lautet: „Wir haben auf dieser Strecke nicht genügend gutes Wagenmaterial, aber Sie können sich ja schriftlich beschweren und einen Fahrpreisrückerstattungsantrag stellen." Nach 45 Minuten bringt er ein bürokratisch formuliertes Beschwerdeformular. Sie sind wütend, aber wollen sich für zehn Euro die Bürokratiewege nicht antun.

Kennen Sie ähnliche Erlebnisse bei Ihrer Airline, bei Ihrer Bank oder bei Ihrem IT-Dienstleister? Oder haben Sie auch manchmal das Gefühl, dass der Verkäufer Sie nicht versteht oder Ihnen etwas „auf das Auge drücken" möchte?

Was wäre, wenn Sie als Führungskraft ein Mal pro Monat intensiv Kundenkontakt hätten, so richtig die Ärmel aufkrempeln und das Geschäft (in der Produktion, im Service, am Shop-Floor, am Point of Sale etc.) erleben würden? Um wie viel besser könnten Sie spüren, wie Kunden denken, wie das Geschäft läuft?

Auch Top-Manager gehören hin und wieder an die Basis, um zu spüren, wie es ist, wenn man sich die Hände schmutzig macht.

Tipps

1 Erleben Sie das Geschäft! Ein Beispiel: Das Management verbringt pro Quartal einen Tag am Point of Sale. Geschäftsführer verkaufen, erbringen Services, bearbeiten Kundenreklamationen oder Ähnliches, und alle im Unternehmen wissen es.

2 Gehen Sie die Wege des Kunden. Schlüpfen Sie in die Rolle des Mystery Shoppers – gehen Sie unerkannt einkaufen und nutzen Sie Ihre Services als Privatperson.

3 Besuchen Sie Ihre Mitarbeiter am Point of Sale. Nicht als angekündigter „Staatsbesuch", sondern überraschend und unkompliziert. Fragen Sie Ihre Leute beim Besuch, wie es ihnen wirklich geht.

143

Symbolhandlungen setzen

Banken werden mit Milliardenhilfen vor dem Konkurs gerettet und zahlen ihren Führungskräften ein paar Monate später wieder Millionenboni. Hunderten Mitarbeitern einer Fabrik wird gekündigt und der Generaldirektor erscheint mit seinem neuen Audi A8 zur Betriebsversammlung, um dies bekanntzugeben. Solche Geschichten scheinen auf den ersten Blick absurd, und trotzdem finden sie statt. Sie lenken den Blick darauf, wie wichtig es ist, „nicht Wasser zu predigen und Wein zu trinken".

Wenn die Organisation insgesamt die Kommunikation verbessern und intensivieren will und gleichzeitig ein neues Bürogebäude mit Einzelbüros bezieht, so ist dies kontraproduktiv. Es braucht stattdessen gemeinsame Kommunikationsräume, die sich auch in der Bürogestaltung widerspiegeln. Wenn sich eine Organisation mehr Kundennähe verschreibt, so müssen sich nicht nur die Verkäufer, sondern vor allem auch die obersten Führungskräfte vermehrt beim Kunden zeigen (statt sich in internen Sitzungen zu verschanzen).

„Walk the talk" – frei übersetzt: Form und Inhalt beziehungsweise Gesagtes und Handeln müssen gut zueinanderpassen. Wenn Sie Ihren Mitarbeitern mitteilen, dass diese mit all ihren Problemen zu Ihnen kommen können, dann unterstützen Sie das, indem Sie zumindest zu gewissen Zeiten Ihre Bürotür offen halten. Mitarbeiter und Kunden reagieren sehr sensibel auf inkonsistentes Verhalten. Außerdem sollten Sie nichts von Ihren Kollegen verlangen, was Sie nicht selbst zu tun bereit sind.

Tipps

1 Setzen Sie symbolische Handlungen: Die Nähe zu den Mitarbeitern drückt sich auch in Lage und Offenheit des Büros aus. Ein teurer neuer Dienstwagen kommt in Zeiten eines Sparkurses nicht gut an (auch wenn die Mehrkosten objektiv gesehen gar nicht so groß sind).

2 Führen Sie ein Journal Ihrer Handlungen und Botschaften: Was haben Sie gesagt, gefordert oder besprochen, und haben Sie sich auch dementsprechend verhalten?

3 Setzen Sie in Ihren Projekten bewusst Rituale ein. So können Sie beispielsweise bei einer Fusion von zwei Unternehmen eine Großveranstaltung organisieren, in der Sie zu Beginn in zwei getrennten Räumen die Vergangenheit nochmals hochleben und in Geschichten auf Plakaten abbilden lassen. Am Ende werden sie in einem Feuer oder großen Mülleimer „losgelassen". Arbeiten Sie dann am gemeinsamen Neuen.

145

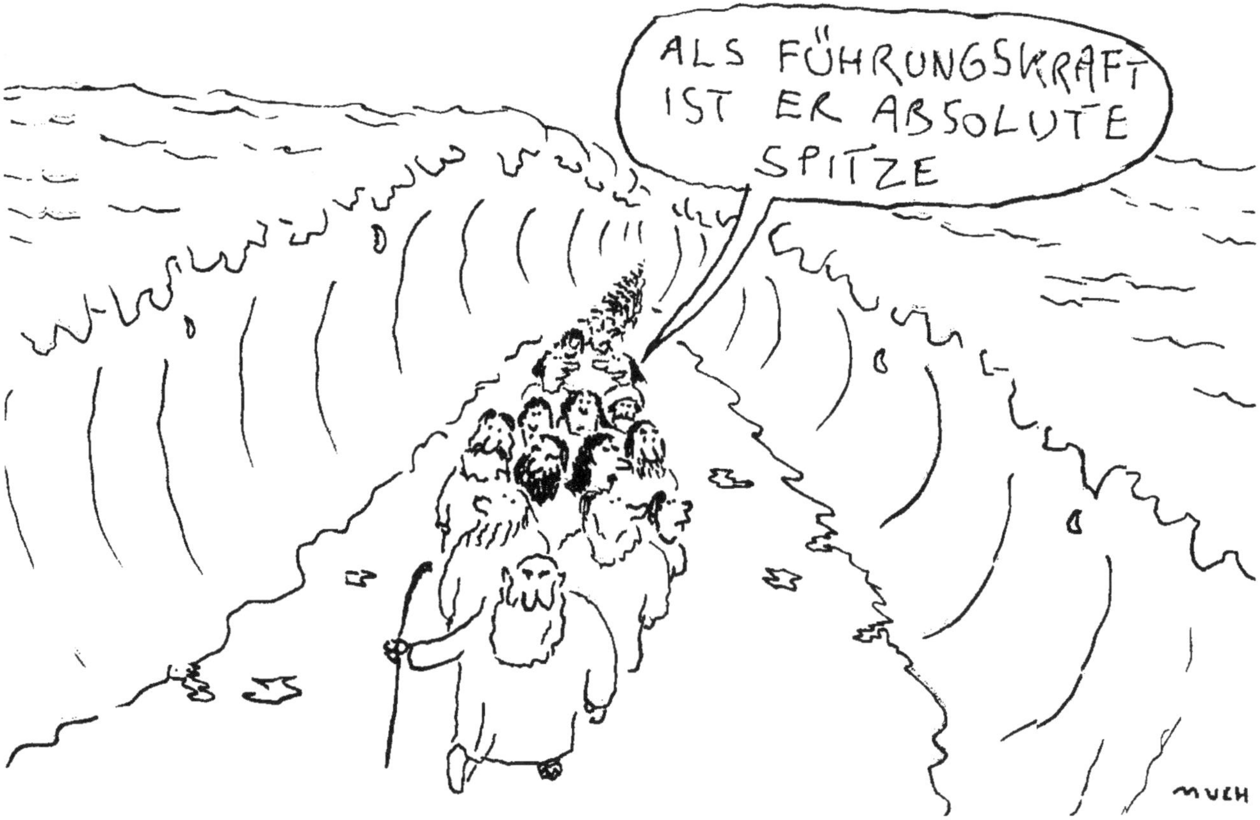
ALS FÜHRUNGSKRAFT IST ER ABSOLUTE SPITZE
MUCH

Keine faulen Kompromisse eingehen

Veränderungsprozesse lösen meist nicht bei allen Zustimmung und Begeisterung aus. Im Gegenteil, die Verantwortlichen für den Change sind permanent mit Fragen, Widerstand und Interventionen konfrontiert. Wahrscheinlich haben auch Sie im privaten Umfeld (zum Beispiel bei Ihren Kindern) schon oft beobachtet und erlebt, wie ein anfänglich klares Nein durch treuherzige Blicke und beharrliches Betteln doch zu einem (gequälten) Ja wurde.

In Veränderungsprozessen ist dieses „Ja" oder ein „Warten wir einmal ab" eine gefährliche Verlockung. Kurzfristig den einfacheren Weg zu gehen, einzulenken und sogenannte tragfähige Kompromisse zu finden, holt Sie später wieder ein. Mit hoher Wahrscheinlichkeit ist nachzuarbeiten, und das gegen noch mehr Widerstand als eine Runde davor. Die betroffenen Mitarbeiter werden davon härter getroffen. Wurden Sie doch zuerst durch den Kompromiss besänftigt und müssen dann doch die volle Veränderung tragen – vielleicht sogar verschärft, um das Ziel noch zu erreichen. Und Ihnen geht es auch schlecht – wer ist schon gerne der Überbringer schlechter Nachrichten.

Veränderungsprozesse brauchen immer die Klarheit, was entschieden und vorgegeben ist und wo noch Gestaltungsspielraum besteht. Die Betroffenen einzubeziehen und mitgestalten zu lassen ist nicht gleichbedeutend mit Entscheidungsfindung auf breiter Basis. Diese Klarheit herzustellen und faule Kompromisse nicht zuzulassen ist Verantwortung der Führungskräfte.

Tipps

1 Stehen Sie mit Begeisterung für das, was Sie tun. Nur wenn Sie es gerne tun, wenn es sogar einer Ihrer Lebensmittelpunkte ist, werden Sie es nachhaltig gut machen.

2 Treffen Sie klare Entscheidungen und geben Sie diese ebenso klar an Ihre Mitarbeiter weiter. Stellen Sie sich dabei den Fragen der Belegschaft. Ziehen Sie rechtzeitig klare Grenzen dort, wo es keine Mitgestaltungsmöglichkeit für die Mitarbeiter gibt.

3 Wenn Sie das Gefühl haben, dass ein fauler Kompromiss droht, nehmen Sie lieber eine Zeitverzögerung in Kauf und bleiben Sie an den Zielen dran. Oder suchen Sie sich einen Sparringspartner oder Coach, der Sie unterstützt und bestärkt, wenn Sie Gefahr laufen, nachzugeben.

147

Eigene Unsicherheiten nicht tabuisieren

Shareholder, Mitarbeiter und Kunden verlangen sichere, selbstbewusste Kapitäne, die das Schiff „Unternehmen" durch schwierige Märkte steuern und jede kritische Situation beherrschen. Dem gegenüber steht die Führungskraft als Mensch, der dabei sehr gefordert ist, mit seinen eigenen Unsicherheiten umzugehen. „Unsicherheit ist ein Element in allen menschlichen Dingen. Wollte der Mensch sich von allen Unsicherheiten befreien, müsste er aufhören, ein denkendes Wesen zu sein" *(Benjamin Constant)*.

Wenn man Veränderung betreibt, betritt man immer wieder Neuland. Es ist ungewiss, ob alles genau so klappen wird, wie gedacht: Ob Interventionen wirksam sind, wie das Umfeld reagieren wird, welche Widerstände es geben wird etc.

Hier von sich selbst zu verlangen, die allwissende und immer starke Führungspersönlichkeit zu sein, ist ein sehr hoher Anspruch und belastend. Es ist schwer durchzuhalten und auch nicht authentisch und glaubhaft. Auch Führungskräfte dürfen ihre Unsicherheit zugeben und den Rat anderer einholen.

Unsicherheit ist ein Geschenk, das den achtsamen Change-Manager auf mögliche Unwägbarkeiten und Gefahren aufmerksam macht und oft dazu bringt, andere mit einzubeziehen. Erschrecken Sie deshalb nicht und versuchen Sie, Ihre Unsicherheit nicht zu verstecken.

Tipps

1 Verschaffen Sie sich festen Boden unter den Füßen, indem Sie für sich mehrere konkrete Szenarien formulieren und dann für jedes der Szenarien eine konkrete Roadmap der nächsten Schritte ausarbeiten.

2 Verstecken Sie Ihre Unsicherheit nicht. Gestehen Sie ein, im Moment auch keine Lösung zu haben, aber versprechen Sie, Ihre ganze Aufmerksamkeit und Energie einzubringen.

3 Verjagen Sie das „Gespenst", das Sie verunsichert, indem Sie für sich explizit beschreiben, was das Schlimmste wäre, das passieren könnte.

4 Suchen Sie sich einen externen Coach Ihres Vertrauens. Vereinbaren Sie einen Coaching-Prozess, der es Ihnen erlaubt, konkrete Situationen in einem geschützten Raum zu reflektieren, um die Quelle Ihrer persönlichen Unsicherheit besser zu verstehen.

149

8 Personalmanagement aktiv betreiben

Veränderungen müssen von Menschen getragen werden. Sie gelingen nur mit bewusstem Personalmanagement.

Es geht darum, die richtigen Menschen zu finden, sie in passende Positionen zu bringen, Potentiale zu fördern und Fähigkeiten zu entwickeln. Aber auch um Trennungen kommt man nicht herum.

Personalentwicklung ist daher ein wichtiger Aspekt im Change Management.

Potentiale erkennen und fördern

„People join a company, but they leave their boss." Ein wesentlicher Grund für dieses nicht nur in den USA weitverbreitete Phänomen liegt darin, dass Führungskräfte die Potentiale ihrer Mitarbeiter nicht rechtzeitig erkannt und schon gar nicht gefördert haben. Wenn Mitarbeiter gehen, wird es teuer, wieder neue Fachleute vom Markt ins Unternehmen zu holen. Ganz rasch ist man im „war for talents" mit hohen Gehältern und vielen Zugeständnissen, was Gestaltungsfreiraum und sonstige Rechte betrifft. Wenn dann schließlich eine Person für die vakante Position gefunden wurde, braucht deren Integration viel Aufmerksamkeit.

Gerade in Veränderungsprozessen ist das Wissen um und vor allem das Nutzen von Mitarbeiterpotentialen erfolgsentscheidend. Wichtige Fragen dabei sind: Wo kann jemand, dessen Aufgabe verlorengeht, sonst noch entsprechend eingesetzt werden? Wohin könnte sich jemand entwickeln? Wo brauchen wir neue Qualitäten von außen? Wem im Haus trauen wir die neuen Aufgaben oder Herausforderungen mit etwas Entwicklungsunterstützung zu?

Besonders bei neuen Aufgabenstellungen, wie sie bei Change-Prozessen oft entstehen, ist eine gute Mischung aus „alten" und „neuen" Mitarbeitern genau das Richtige. Setzt man nur auf Neuzugänge, besteht das Risiko, dass die Neuen die ungeschriebenen Gesetze nicht verstehen und von einem Fettnäpfchen ins andere treten. Und was noch mehr schadet: Bestehende Mitarbeiter mit Potentialen fühlen sich übergangen, nicht wertgeschätzt und können in die innere Immigration gehen.

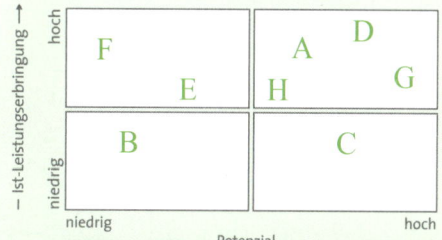
153

Hire for attitude, train for skill

Für die Umsetzung einer Veränderung ist es oft notwendig, neue Leute an Bord zu holen. Dabei sollte immer der Grundsatz gelten: „Hire for attitude, train for skill". Die Haltung muss stimmen, den Rest kann man lernen.

Wer passt am besten zur Organisation? Jemand, der genauso ist wie alle anderen, also eine hohe Kulturverträglichkeit besitzt? Oder jemand, der viele neue Verhaltensweisen und Werte mitbringt und dessen Anwesenheit eine beachtliche Kulturstörung auslösen könnte? Dies ist im Einzelfall zu entscheiden und hängt davon ab, was die Organisation gerade braucht. Die zweite Gruppe braucht vor allem zu Beginn starken Rückhalt aus der Führungsetage, damit sie nicht von der Organisation wieder abgestoßen wird.

Es ist also sehr wertvoll, sich rechtzeitig mit dem eigenen Recruiting-Prozess auseinanderzusetzen. Wie werden neue Mitarbeiter gesucht? Wer repräsentiert im Personalmarketing die Organisation nach außen? Klar ist: Mit klassischen Methoden wird man kaum besondere oder andersartige Neue finden. Dies zeigt, dass Change-Manager intensiv mit der Personalabteilung zusammenarbeiten müssen.

In diesem Zusammenhang ist auch Mut von hoher Relevanz. Mut, seine eigenen Konkurrenten anzustellen, oder anders formuliert: Starke Führungskräfte stellen gute Mitarbeiter ein, schwache stellen schlechte ein.

Tipps

1 Trauen Sie sich, Ihre Organisation mit einer Neubesetzung zu verstören. Seien Sie sich aber bewusst, dass diese Situation zu Beginn Ihrer Unterstützung bedarf.

2 Sind Sie schon seit längerem damit unzufrieden, wer Ihnen zur Auswahl vorgelegt wird? Dann durchleuchten Sie kritisch Ihren Aufnahmeprozess und hinterfragen Sie, warum nicht die passenden Personen angezogen werden.

3 Geben Sie neuen Mitarbeitern in den ersten 100 Tagen typische und herausfordernde Aufgaben, die die Haltung sichtbar machen. Sehen Sie dann eine Evaluierung vor und entscheiden Sie, ob der neue Mitarbeiter wirklich passt.

155

Personalentscheidungen konsequent treffen

Organisationen bestehen nicht aus Kästchen und Berichtslinien, sondern aus den Interaktionen der beteiligten Menschen. Strukturen bilden den Rahmen, aber erst die Menschen mit ihren Fähigkeiten, Interessen, Stärken und Schwächen erwecken sie zum Leben. Persönliche Fähigkeiten von Schlüsselpersonen, wie etwa Kommunikation, Kreativität oder eine kritische, aber konstruktive Haltung, können kulturelle oder strukturelle Schwächen von Organisationen kompensieren.

Trotzdem werden auch bei großen Veränderungsprojekten wichtige Personalentscheidungen oft wider besseres Wissen (oder Bauchgefühl) nur zögerlich und nicht systematisch angegangen. Die Macht alter Beziehungen, Täuschungen durch „Schönredner" oder die Angst vor unersetzbarem Wissensverlust blockieren letztendlich die notwendigen Veränderungen in der Organisation. Auch die Art und Weise, wie Personalentscheidungen getroffen werden, prägt die Unternehmenskultur massiv.

Zu langes Warten, intransparente Entscheidungen oder die Bevorzugung derjenigen mit den besten Beziehungen vergiften das Klima und bestätigen die Skeptiker, die meinen, dass sowieso alles beim Alten bleibt.

Tipps

1 Analysieren Sie bewusst und systematisch die Potentiale Ihrer Mitarbeiter: Wo stehen sie in ihren Führungsfähigkeiten, was sind die künftigen Herausforderungen und welches Potential trauen Sie ihnen zu? Professionelle Werkzeuge können die Potentialdiagnose unterstützen.

2 Überlegen Sie, auf wen Sie künftig setzen wollen. Kümmern Sie sich rechtzeitig um diese Leute, geben Sie ihnen Sicherheit und achten Sie darauf, sie nicht zu verlieren.

3 Achten Sie bei Personalthemen auf sauberes, klares Vorgehen und transparente Kriterien. Vermeiden Sie „Scheinauswahlprozesse", seien Sie wertschätzend im Umgang mit den Menschen und senden Sie klare Botschaften an Gewinner und Verlierer.

Der Organisation den „Giftzahn" ziehen

Kennen Sie das Gefühl, dass permanent und aus Ihrer Sicht unpassend und ungerechtfertigt „Gift" ins Unternehmen, in Bereiche oder in wichtige Prozesse gestreut wird? Die Personen, von denen das ausgeht, sind oft seit Jahren als unabkömmlich angesehen. Sie beherrschen die Gratwanderung gut – zwischen destruktiver Haltung und der Zuschreibung, dass so unabkömmliche Personen höchstens konstruktiv unbequem sein können. Solche Leute stellen Unternehmensentwicklungen und Change-Projekten permanent subtile Hürden in den Weg. Oft sind es langjährige, im Unternehmen und bei Kunden gut vernetzte Kollegen, ohne die es nicht zu gehen scheint. Und Hand aufs Herz – sie sind doch beliebt: Jene Kollegen, die Besprechungen im Nachhinein mit schwarzem Humor kommentieren, aber während der Besprechung neutral oder zustimmend waren. Die Kunst ist, herauszufinden, wer in seinem Sinne und wer im Sinne des Unternehmens unbequem ist. Der Umgang mit diesen Menschen hat extrem große Symbolwirkung.

Jack Welch, der frühere CEO von General Electric (GE), beschreibt folgendes hilfreiches Modell für solch sensible Managementaufgaben:

159

Tipps

1 Wenden Sie das Modell von Jack Welch an: Nehmen Sie gemeinsam mit Managementkollegen Einschätzungen vor und halten Sie diese schriftlich fest. Gehen Sie diese dann mehrmals gewissenhaft durch, bevor Sie daraus Entscheidungen ableiten.

2 Wenn der „Giftzahn" im Unternehmen oder in der Organisation gefunden ist, nicht mehr zögern, sondern klare Entscheidungen treffen und diese auch umsetzen.

3 Begründen Sie Ihre Entscheidung gut verständlich und zeigen Sie auf, wie die entstehende Lücke geschlossen wird. Beziehen Sie die unmittelbar Betroffenen dabei mit ein.

Sich um Verlierer kümmern

Haben Sie sich selbst schon einmal als Verlierer gefühlt? Wie ging es Ihnen dabei? Wie war es, als Ihnen Ihr Partner davonlief oder als Sie bei einem attraktiven Job nicht zum Zuge kamen, obwohl Sie eindeutig besser waren? Wie fühlten Sie sich in dem Moment, als plötzlich ein Mächtiger kam und Ihnen etwas wegschnappte? Versetzen Sie sich in eine von Ihnen erlebte Situation und spüren Sie, welche Emotionen aufkommen.

So wie Sie sich damals als Verlierer fühlten, geht es vielen, die von Veränderungen betroffen sind. Als Gestalter der Veränderung – sprich als Mächtiger – ist es Ihr Job, mit den Verlierern – sprich den Ohnmächtigen – professionell umzugehen. Stellen Sie Verlierer von Reorganisationen nicht ins Eck. Tabuisieren Sie deren Situation und Gefühle nicht. Und noch etwas: Ein konstruktiver Umgang mit Verlierern prägt die Kultur für künftig notwendige Veränderungen. Und vielleicht sind dann Sie ein Verlierer.

Drei Prinzipien sollten den Umgang mit Verlierern leiten:
1. Schaffen Sie rasch Klarheit über künftige Positionen, Aufgaben und Zugehörigkeiten.
2. Nehmen Sie sich Zeit, hören Sie anderen gut zu, aber schonen Sie sie nicht vor notwendigen Wahrheiten oder vor Ihren Einschätzungen von Fähigkeiten und Potentialen.
3. Bleiben Sie in einer Grundhaltung von Wertschätzung für die Person und deren Geschichte. Lassen Sie andere spüren, dass es auch in der Business-Welt Emotionen gibt, ohne von diesen übermannt zu werden.

Tipps

1 Erkunden Sie, welche Personen im Unternehmen sich bei einer Reorganisation als Verlierer fühlen könnten und bieten Sie diesen persönliche „Entwicklungshilfe" an. Coaching, Qualifizierung zur persönlichen Neuausrichtung oder professionelle Beratung beim Outplacement sind hilfreich.

2 Laufen Sie vor unangenehmen Gesprächen nicht davon. Bereiten Sie sich gut vor, suchen Sie einen guten Platz und ausreichend Zeit. Nehmen Sie dem anderen gegenüber eine lösungsorientierte Haltung ein. Zeigen Sie in diesen Gesprächen Empathie – ohne die Sache zu verharmlosen und in schnelle Tröstungen zu verfallen.

3 Versetzen Sie sich in die Situation von Personen, die etwas verlieren. Nach dem Erfahren einer schlechten Nachricht durchlaufen alle die Phasen: Schock – Verleugnung – Aggression – Depression – Trauerarbeit. Erst danach kann das Neue angenommen werden.

161

Für Lerntransfer sorgen

In der Produktion wurde eine Fertigungslinie umgestellt. Wie auch in anderen Fällen läuft diese Organisationsveränderung nicht ohne Reibung und Konflikte. Teamleiter Mayer wird deshalb von seinem Chef auf eine Fortbildung zum Thema „Konflikte lösen – Mitarbeitergespräche führen" geschickt. Die zwei Tage Training sind vollgepackt mit Theorie und Rollenspielen. Erfahrungsaustausch und Coaching-Sequenzen vervollständigen das Programm. Das Füllhorn von Herrn Mayer scheint für die kommende Zeit gut gefüllt. Aber kann er das Gelernte wirklich in der Praxis anwenden? Herrn Mayer gelingt dies mehr schlecht als recht. Einen Konflikt kann er lösen. Viele Impulse aus den Trainings verlaufen aber nach kürzester Zeit im Sand.

In Seminaren Gelerntes in die Praxis zu übersetzen ist keine einfache Sache. Folgende Prinzipien helfen, die Wirkung von Trainings zu steigern:

Orientieren Sie Trainings möglichst geschäftsnah an der künftigen Aufgabe (keine Trainingsmaßnahmen auf Vorrat). Wählen Sie auch die Trainer danach aus. Übernehmen Sie als Führungskraft mehr Verantwortung, als bloß das Budget zur Verfügung zu stellen. Setzen Sie sich vor der jeweiligen Qualifizierungsmaßnahme mit den Ambitionen, Potentialen und der Lernhaltung Ihrer Mitarbeiter auseinander. Erkunden Sie dabei, was Ihre Mitarbeiter wollen, und geben Sie offen Feedback.

Tipps

1 Helfen Sie mit Strukturen beim Transfer des Gelernten in die Praxis: Organisieren Sie unternehmensinterne Lernzirkel, bei denen sich Mitarbeiter, die ähnliche Trainings besuchten, vernetzen können. Unterstützen Sie die Bildung von Peer Groups als Follow-up von Management-Development-Programmen.

2 Geben Sie Ihrem Mitarbeiter ein „Lerntagebuch" – verstanden als Logbuch permanenter Entwicklung.

3 In zeitlicher Nähe zur Maßnahme reflektieren Sie gemeinsam den Output. Was war neu, was wurde bestätigt, welche Fragen sind noch offen? Wie ist das Gelernte in der derzeitigen Situation einzusetzen? Was heißt das konkret für den Mitarbeiter und für Sie als Führungskraft? Welche weitere Unterstützung ist notwendig?

163

Aus Mit-Arbeitern Mit-Unternehmer machen

In der Praxis agieren viel zu wenige Führungskräfte wie Unternehmer, auch wenn in den Leitbildern Unternehmertum gefordert wird. In jeder Organisation und in jedem auch noch so bürokratischen Unternehmen gibt es sie aber. Oft bleiben sie nur unentdeckt oder ihr unternehmerisches Potential wurde erstickt.

Probieren Sie, mit der Rapid-Results-Methode das Unternehmertum in Ihrer Organisation zu wecken. Wie funktioniert das? Das Top-Management formuliert eine besondere Herausforderung, zum Beispiel Verdoppelung des Umsatzes, Reduktion der „Time to Market" um die Hälfte oder Ähnliches. Dann werden fünf bis zehn Führungskräfte eingeladen, diese Herausforderung in einer völlig neuen Arbeitsform in 100 Tagen umzusetzen.

Ein Beispiel: Fünf Filialleiter einer Bank erhalten für ihre Projekte einen neuen Freiraum. Bestimmte Regeln müssen nicht eingehalten werden. So können sie beispielsweise die Öffnungszeiten selbst festlegen oder brauchen nicht den Werbeaktionen des Headquarters zu folgen. Einmal pro Monat treffen sich die unternehmerisch agierenden Personen zum kollegialen Erfahrungsaustausch. Alle bringen eigene Ideen auf die Rüttelstrecke oder „klauen" Ideen der anderen. Alle sind voll dabei, die scheinbar unerreichbaren Ziele zu verfolgen. Neue Verhaltensmuster entstehen. Sinnlose Barrieren werden über Board geworfen. Nach drei Monaten präsentieren sie ihre Ergebnisse und beantworten für alle anderen Führungskräfte zwei Fragen: Warum waren wir erfolgreich? Wo sind wir auf Hindernisse gestoßen? Danach arbeiten alle Führungskräfte an der Frage: Was lernen wir aus den Erfahrungen und wie müssen wir unsere Arbeitsweisen umstellen?

Tipps

1 Suchen und formulieren Sie ein unternehmerisch herausforderndes, attraktives Ziel für Ihr Unternehmen oder Ihren Bereich, das innerhalb von 100 Tagen erreichbar ist – allerdings nicht mit „ein bisschen anders tun", sondern nur mit ganz neuen Methoden und Ideen.

2 Laden Sie fünf bis zehn Ihrer Führungskräfte, bei denen Sie unternehmerisches Potential vermuten, zu einem Workshop ein. Stellen Sie Ihre Ambition und das Ziel vor. Ersuchen Sie die Führungskräfte dann, 100 Tage dauernde Projekte zu entwerfen, mit denen sie die gesteckten Ziele umsetzen werden.

3 Setzen Sie einen Lern- und Auswertungsprozess nach der Rapid-Results-Methode für Ihr Unternehmen auf. Mehr zur Methodik erfahren Sie unter www.ICG.eu.com/rapidresults.

Sich von Vorurteilen lösen

Der hungrige Kaftan

In seinem bescheidenen, einfachen Alltagsgewand war ein Mullah zu dem Fest eines angesehenen Mitbürgers gegangen. Um ihn herum glänzte die schönste Garderobe aus Seide und Samt. Geringschätzig musterten die anderen Gäste seine dürftige Kleidung. Man schnitt ihn, rümpfte die Nase und drängte ihn fort von den herrlichen Speisen des kalten Buffets. Geschwind eilte der Mullah nach Hause, zog seinen schönsten Kaftan an und kam zurück auf das Fest, würdiger als einer der Kalifen. Welche Mühe gab man sich um ihn! Jeder versuchte, mit ihm ins Gespräch zu kommen oder wenigstens eines seiner weisen Worte zu erhaschen. Es schien, als sei nun das kalte Büffet für ihn allein gedacht. Von allen Seiten bot man ihm die schmackhaftesten Speisen an. Statt sie zu essen, stopfte der Mullah sie in die weiten Ärmel seines Kaftans. Genauso schockiert wie interessiert bestürmten ihn die anderen mit der Frage: „O Herr, was machst du denn da? Warum isst du nicht, was wir dir anbieten?" Der Mullah fütterte weiterhin seinen Kaftan und antwortete gelassen: „Ich bin ein gerechter Mensch, und wenn wir ehrlich sind, gilt eure Gastfreundschaft nicht mir, sondern meinem Kaftan. Und der soll nun erhalten, was er verdient."

(aus „Der Kaufmann und der Papagei" von Nossrat Peseschkian)

Wie oft bleiben auch Sie in Ihren Vorurteilen verhaftet? Wie oft bewerten Sie Mitarbeiter, Kollegen, Partner nach äußerlich sichtbaren Qualitäten oder aufgrund „alter Geschichten"? Wirkungsvolles Veränderungsmanagement fordert uns, Menschen nicht in altbekannte Schubladen zu stecken, sondern ihre Potentiale losgelöst vom glänzenden Kaftan zu erkennen.

Tipps

1 Nutzen Sie die Methode des „Appreciative Inquiry", um die Qualitäten von Schlüsselpersonen zu erkunden. Dazu eine Übung: Stellen Sie im Rahmen eines Workshops folgende Frage: „Was von dem, was Sie in den vergangenen Monaten gemacht haben, ist Ihnen gut gelungen? Worauf sind Sie stolz?" In diesem Interview, das maximal zehn Minuten dauert, dürfen Sie nur erkundende Fragen stellen, Ihr Gesprächspartner darf nur positive Antworten geben. Danach erklären Sie Ihrem Gesprächspartner (der Sie dabei nicht ansehen darf) in zwei Minuten, welche besonderen Qualitäten Sie bei ihm sehen oder wo er seine besonderen Stärken hat. Auch hier die Spielregel – nur Positives und keine Kritik.

2 Bewerten Sie bei Neubesetzungen im Zuge von Veränderungsprozessen die Menschen nicht nach bewährten Kriterien wie Erfahrung oder Praxis. Besetzen Sie bestimmte Jobs bewusst mit Quereinsteigern, Branchenfremden oder einfach solchen Menschen, bei denen Sie „unter dem Kaftan" ein Potential vermuten, das bisher nicht sichtbar werden konnte.

167

9 Lernen unterstützen

Die lineare Annahme lautet: Um von A nach B zu kommen, braucht es zuerst Analysen, Konzepte und Umsetzungspläne. Dann müssen nur noch alle Betroffenen das neue Verhalten erlernen. In diesem Fall ist das Scheitern programmiert.

Lernen muss von Beginn an bei allen Beteiligten stattfinden. Es ist neben der inhaltlichen Arbeit und der Steuerung der Veränderung der dritte wesentliche Basisprozess des Change Managements.

Lernen heißt, neue Erfahrungen zu machen und diese zu reflektieren, sich mit sich als Person und mit den eigenen Mustern zu beschäftigen. Dazu gehört auch das Entlernen, das heißt das Loslassen von alten Erfolgsmustern.

Notwendige Skills frühzeitig trainieren

Was würde es bei Ihnen auslösen, wenn Ihnen jemand einen Gutschein für ein paar Laufschuhe überreicht und erklärt, dass Sie in einigen Monaten Ihren ersten Marathonlauf bestreiten sollten? Wahrscheinlich ein Gefühl der Überforderung – sofern Sie nicht ein gut trainierter Ausdauersportler sind. Doch bei entsprechender Vorbereitung ist für fast jeden auch ein Marathonlauf zu schaffen.

Ähnlich verhält es sich bei ambitionierten Change-Projekten. Oft erscheint der angestrebte Grad der Veränderung anfangs fast unerreichbar, und ein Gefühl der Überforderung macht sich breit. Doch mit den richtigen Informationen, einer entsprechenden Unterstützung und vor allem ausreichendem Training wird für die Betroffenen auch ein herausforderndes Projekt zu bewältigen sein.

Kritisch wird es nur, wenn jemand glaubt, mit dem Kauf der Laufschuhe bereits die wichtigste Vorbereitung auf den Marathon absolviert zu haben. Auch bei Change-Projekten geht man oft mit einer ähnlichen Einstellung an die Umsetzung. Nach der Entscheidung über das Grobkonzept oder beispielsweise dem Vorliegen des Gesellschaftsvertrages für ein neu zu gründendes Unternehmen gehen Führungskräfte oft davon aus, den wichtigsten Teil schon erledigt zu haben. Aber jetzt beginnt die Veränderungsarbeit erst richtig. Nachhaltige Veränderungsprozesse dauern viele Monate, meist sogar einige Jahre. Wie das Training für einen Marathonlauf.

Tipps

1 Machen Sie einen realistischen Zeitplan. Veränderungen brauchen Zeit, alleine schon, weil das Tagesgeschäft weiter laufen muss und fast immer nur beschränkte Ressourcen zur Verfügung stehen. Vor allem aber auch, weil ein Vorbereitungstraining für die neuen Herausforderungen notwendig ist.

2 Veränderungsetappen mit Meilensteinen lassen die zu bewältigende Veränderung realistischer erscheinen (wie beim Laufen: also zuerst im Training einen Zehn-Kilometer-Lauf, dann einen Halbmarathon und erst zuletzt einen Marathonlauf anpeilen).

3 Es geht nichts über einen guten Trainingsplan. Zuerst sollten die zukünftigen Herausforderungen und die bestehenden Fähigkeiten und Potentiale genau analysiert werden. Darauf aufbauend können individuell angepasst unterschiedliche Formen des Trainings (Seminare, Coaching, Erfahrungsaustauschgruppen etc.) geplant werden.

Von anderen intelligent abschauen

Die Managementwelt ist voller Kopierweltmeister. Berater sorgen dafür, dass sich Managementmethoden blitzartig über den Erdball verbreiten. Die Schattenseite: Benchmarking und gnadenloses Kopieren von Managementmethoden macht uns immer ähnlicher und kaum nachhaltig wettbewerbsfähig.

Das Erfolgsmuster dagegen lautet: Schaue Dich bewusst in fremden Welten um und dann findest Du tausende Anregungen für die Bewältigung Deiner Managementherausforderungen. Gute Ideen kommen fast immer aus anderen Branchen oder anderen Kulturen. Was zählt, ist eine „schöpferische" Übersetzung auf die eigene Situation.

Wie funktioniert intelligentes Abschauen oder „Benchlearning"?

- Bilden Sie ein Team bestehend aus Menschen, die von anderen etwas lernen möchten und den innerlichen Antrieb haben, Neues sehen zu wollen und nicht eigene Vorurteile bestätigt zu bekommen.
- Formulieren Sie Lernfelder, vermeiden Sie dabei klassische Checklisten und lokalisieren Sie Lernpartner: Wo gibt es Umgebungen, die für unsere Herausforderung Impulse liefern können?
- Erkunden Sie Ihre Lernfelder mit allen Sinnen. Halten Sie Ihre Beobachtungen fest (Fotos, Journale etc.).
- Werten Sie im Team zuerst die Beobachtungen aus, bilden Sie Hypothesen und erhalten Sie daraus die Essenz Ihrer Learnings.
- Erst jetzt versuchen sie das Gelernte in Ihre Situation zu übernehmen: Was können wir tun? Was kann wie übernommen werden? Was müssen wir an uns ändern, damit es wirkt?

Tipps

1 Gestalten Sie Ihre maßgeschneiderte Benchlearning-Reise. Laden Sie alle Schlüsselpersonen dazu ein.

2 Machen Sie es wie Ikea: Passen Sie Ihre Anreizsysteme in Richtung intelligentes Abschauen an. Wer im Unternehmen von anderen Einheiten abschaut, wird genauso belohnt, wie jeder, der anderen etwas aus seiner „Schatzkiste" zeigt.

3 Organisieren Sie eine „Internet-Reise": Versammeln Sie 10 bis 20 Kollegen samt Laptop und Internetanschluss in einem Raum. Formulieren Sie eine „Reisefrage". Erlauben Sie während der Reise spontane Ausrufe, wenn etwas Spannendes gefunden wurde. Machen Sie alle 1,5 Stunden ein „Picknick", in dem Sie die Reiseerfahrungen austauschen. Schärfen Sie dann eventuell die Reisefrage neu. Am Abend findet eine längere Auswertungsrunde statt. Sie werden überrascht sein, wie viele Ideen an einem Tag generiert werden können.

DER IST FÜR EINGESTANDENE FEHLER
DER FÜR AUF ANDERE GESCHOBENE FEHLER
UND DER FÜR ZUKÜNFTIGE FEHLER
MUCH

Angst vor Fehlern nehmen

Dass Menschen Angst davor haben, Fehler zu machen oder zu versagen, erleben wir in Veränderungssituationen täglich. Die Folge: Man tut lieber nichts und bleibt beim Altbekannten. Doch: Wo keine Risiken eingegangen werden und keine Fehler gemacht werden, gibt es keine Veränderung.

Voraussetzung für Unternehmensentwicklung ist eine fehlertolerante Kultur. Um diese zu erreichen, braucht es besonders aufmerksame Führungskräfte. Eine fehlertolerante Kultur bedeutet nicht, dass Fehler zu machen keine Konsequenzen nach sich zieht und man einfach so weitermachen kann wie bisher. Ganz im Gegenteil: Anderen Angst vor Fehlern zu nehmen, beginnt mit permanentem und professionellem Feedback! Das heißt, die Dinge offen und klar anzusprechen und trotzdem wertschätzend gegenüber der betroffenen Person zu bleiben.

Feedback geben will gelernt sein. Die Kunst liegt darin, Unangenehmes so anzusprechen, dass es für den anderen annehmbar ist, aber die inhaltliche Klarheit nicht verlorengeht. Wichtig ist, auf jegliche persönlichen Angriffe zu verzichten. Emotionale Wunden bieten selten eine gute Basis, einen Fehler einzugestehen und aus diesem zu lernen.

Organisationen, die eine ausgeprägte Feedbackkultur entwickelt haben, schaffen es, mit Fehlern offener und angstfreier umzugehen. Generell gilt: Erfolg generiert Selbstvertrauen und damit weiteren Erfolg. Aber manchmal heißt es auch: „Fehler sind lehrreicher als Erfolge" *(Albert Schweitzer)*.

Tipps

1 Seien Sie bereit, Unangenehmes zu thematisieren. Fehlertolerante Kultur heißt nicht, Fehler zu tolerieren.

2 Üben Sie, professionell Feedback zu geben. Wichtige Regeln dabei sind: So konkret wie möglich; möglichst unmittelbar; nicht Interpretationen, sondern Wahrnehmbares schildern; keine persönlichen Angriffe; keine Abwertungen.

3 Gestehen Sie sich auch eigene Fehler ein.

4 Schaffen Sie Laborsituationen, wo ganz bewusst Fehler gemacht werden können, beispielsweise Planspiele, Simulationen oder Rollenspiele. Wichtig dabei ist, die gemachten Erfahrungen fundiert auszuwerten.

175

Durch Erlebnisse lernen

Erinnern Sie sich noch an Ihre Schulzeit – an eine Szene aus dem Geografieunterricht?

Szene 1: Ein Lehrer trägt über Frankreich vor. Er erläutert, wo es Industriegebiete gibt, wie sich die landwirtschaftlichen Flächen verteilen, wie groß die Einwohnerdichte in den Regionen ist und auf welchen Böden Wein wächst. Alle gähnen und langweilen sich.

Szene 2: Ein anderer Lehrer erzählt Geschichten von seinen Frankreichreisen, er ist begeistert vom Land, zeigt Fotos, Videos und sprüht vor Emotion. Viele hören interessiert zu, einige wollen bald einmal dorthin. Sobald die Stunde vorbei ist, ist Frankreich nicht mehr so wichtig.

Szene 3: Sie fahren mit Ihrer Schulklasse zehn Tage nach Dijon, leben bei einer Familie, gehen in Dijon in die Schule, erleben Restaurants, Weinberge und vieles andere. Die Reise ist ein Lernerlebnis. Plötzlich trauen Sie sich auch, Ihr Französisch zu nutzen. Noch Jahre später erzählen Sie Ihren Kindern von der tollen Reise.

Gleiche Szene beim Management: Powerpoint-Charts und trockene Fakten bewegen nichts. Geschichten und Emotionen von Führungskräften sind spannend und geben Impulse zum Lernen. Aber nur Erlebnisse, Praxisübungen und Experimente lassen Sie nachhaltig lernen. Schaffen Sie Möglichkeiten für praktisches Lernen, wo immer es geht: Outdoor-Trainings, Übungen in Workshops, Lernreisen, Praxisprojekte, Rollenspiele. All das sind – richtig eingesetzt – gute Formate, um bedeutend mehr zu bewirken als schön gestaltete Powerpoint-Folien oder mühevoll aufbereitete Excel-Tabellen.

Tipps

1 Lassen Sie die Ergebnisse einer Analyse durch die Projektgruppe analog darstellen. Das heißt über Bilder, über eine szenische Aufführung oder das Erzählen einer Analogie.

2 Bauen Sie Indoor- oder Outdoor-Erlebniselemente in Ihrem nächsten Top-Management-Workshop ein. Übungen, in denen die Verhaltensmuster Ihrer Gruppe oder Ihres Unternehmens für jeden spürbar werden. Wichtig dabei: Sie dürfen nicht nur auf Unterhaltung abzielen oder aufgesetzt wirken, sondern müssen genau zum Thema passen.

3 Schicken Sie Ihre Schlüsselpersonen auf Exkursion – allein oder als Gruppe, mit einem bestimmten Auftrag. Denken Sie dabei an möglichst unkonventionelle Erkundungen, zum Beispiel Lernen über Abschiedsprozesse in einem Hospiz, Lernen über Innovation in einer Improvisations-Theatergruppe oder Erlernen von Unternehmertum in einem Entwicklungshilfeprojekt.

Pilotierung: Das Neue erproben

„You don't understand a social system, unless you change it." Kurt Lewin, Vordenker der Organisationsentwicklung, machte damit klar, dass Veränderungen in Unternehmen, Organisationen oder Gruppen nicht vorausgedacht werden können, sondern nur im konkreten Tun entstehen.

Change-Prozesse brauchen einen Plan (eine Architektur), aber noch viel mehr das rasche Erproben des Neuen. In der Produktentwicklung gehört Prototyping zum Einmaleins. Bei organisatorischen Umbauten oder strategischen Neuausrichtungen dagegen wird oft noch in der Logik des Schalter-Umlegens gedacht.

Das Zauberwort der Transformation „sozialer Systeme" heißt Pilotierung. Es geht um das Erproben des Neuen (einer Organisation, einer Strategie, einer Steuerung) in überschaubaren Einheiten. Geben Sie der Einheit den Rahmen vor, beauftragen Sie eine verantwortliche Führungskraft und unterstützen Sie diese. Eine Piloteinheit reicht kaum, zwei bis vier sind ideal, weil man dann gut voneinander lernen kann. Auch Scheitern in einem Pilotprojekt ist erlaubt. Besser hier gescheitert als im Rahmen einer flächendeckenden Umsetzung.

Pilotprojekte gehören sauber evaluiert. Welche Schritte waren erfolgreich, wo gab es Flops, wie wurden Hürden überwunden, was haben wir über die Kultur des Unternehmens für den Rollout gelernt?

Der Zusatznutzen: Die Manager der Pilotprojekte sind die besten Trainer für den flächendeckenden Change. Sie kennen bereits die Praxis und strahlen Sicherheit für jene Kollegen aus, denen der Change noch bevorsteht.

Tipps

1 Wählen Sie Einheiten und Führungskräfte für Pilotierungen sorgsam aus, beispielsweise eine eher einfache Einheit und eine schwierige. Suchen Sie die Verantwortlichen für die Pilotierung nach einem professionellen Verfahren aus. Schauen Sie dabei besonders auf unternehmerische Gestaltungskraft, soziale Kompetenz und die Fähigkeit zur Reflexion.

2 Vernetzen Sie die Schlüsselpersonen aus den Piloteinheiten zu einer Lerngruppe. Bieten Sie diesen „Peer Groups" Raum und Unterstützung für kollegiales Lernen an.

3 Werten Sie die Pilotprojekte systematisch aus. Dazu eignet sich folgende Pilotierungs-Balanced Scorecard:

Geschäfts-ergebnisse	Akzeptanz Stakeholder
Einführungs-prozess	Lernen über die Kultur und Muster

Bauen Sie diese Scorecard anhand von Leitfragen mit den Schlüsselpersonen gemeinsam auf.

Das Loslassen vom Bestehenden unterstützen

Franz ist ein begnadeter Verkäufer. Schlau, kompetent, von seinen Produkten begeistert, und er schafft es, zu seinen Kunden rasch ein persönliches Verhältnis und Vertrauen aufzubauen. Franz wird Verkaufsleiter. Statt 45 arbeitet er jetzt 60 Stunden, betreut weiterhin alle seine wichtigen Kunden selbst, sorgt durch Vorleben bei seinem Team für Begeisterung. Auch wenn es vermehrt kritische Stimmen über sein Verhalten gibt, können andere in seinem Sog mitschwimmen. Wegen seiner Erfahrungen wird Franz zum Geschäftsführer berufen. Mit gleichem Elan geht er alles wie bisher an. Jetzt sind aber andere Qualitäten gefragt – für das Stakeholder-Management, den Umbau der Organisation, strategische Konzepte und so weiter. Franz arbeitet bereits 80 Stunden, fühlt sich ausgepowert. Seine Wirkung schwindet. Sein Umfeld kritisiert ihn zuerst versteckt, dann offen. Die Moral von der Geschichte: Franz könnte ein guter Manager sein, wenn er seine alten Erfolgsmuster rechtzeitig losgelassen hätte.

Neues zu lernen, erfordert auch Altes verlernen zu können. Bewährte Erfolgsmuster müssen aufgegeben werden, das Bekannte ist loszulassen. William Bridges beschreibt diesen Prozess der persönlichen Übergänge folgendermaßen:

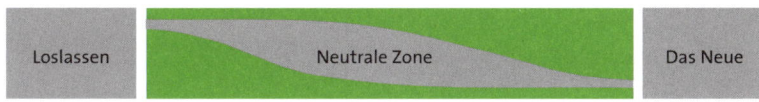

Lassen Sie zuerst los. Persönliche Veränderung beginnt nie beim Neuen. Jedes Loslassen führt in eine neutrale Zone, das Alte geht verloren und das Neue ist noch nicht eingeübt. Die neutrale Zone produziert massiv Unsicherheit. Die meisten Menschen probieren diese so schnell wie möglich zu überwinden, um rasch zum neuen sicheren Ufer zu kommen. Leider.

Akzeptieren Sie die Unsicherheit der neutralen Zone und durchleben Sie diese bewusst. Sie ist die Quelle der Erneuerung, der Entwicklung in Richtung mehr Selbstbestimmung, Freiheit und persönliche Qualitäten.

Tipps

1 Stellen Sie in Ihrem Change-Team folgende Fragen: Wer muss was loslassen? Wo entstehen welche persönlichen Verluste (in der „Währung" der Betroffenen) und was bleibt stabil? Was wären die Chancen des Loslassens für die wesentlichen Schlüsselpersonen?

2 Arbeiten Sie bei einer Organisationsveränderung nicht sofort an der Umsetzung des Neuen, sondern organisieren Sie mit den Betroffenen einen Workshop zum Thema „Loslassen". Wer verliert was? Was ist stabil? Was ist nötig, um Verluste in Chancen umzumünzen?

3 Sie sind persönlich Betroffener einer Veränderung. Bearbeiten Sie mit einem Coach, Partner, Freund die Frage: Wovon muss ich loslassen? Gönnen Sie sich eine Phase der Unsicherheit in der neutralen Zone mit der Haltung: „Ich weiß noch nicht, wie ich das Neue schaffen werde, aber gerade das gibt mir die Möglichkeit, offen für Impulse zu sein, die ich sonst nicht sehen würde."

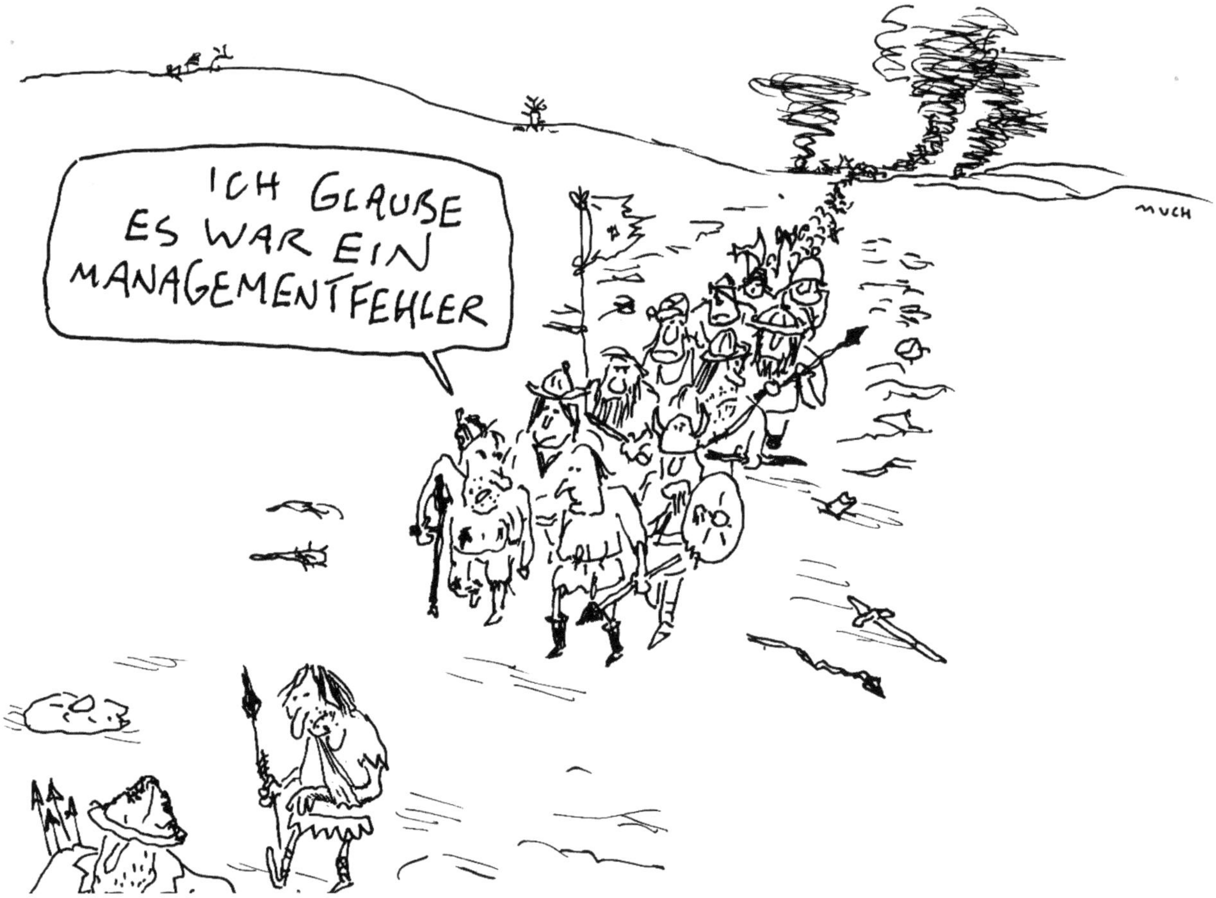
ICH GLAUBE ES WAR EIN MANAGEMENTFEHLER
MUCH

Erfahrungen auswerten

„Schau dir diese dumme Fliege an", sagte vor kurzem meine Tochter zu mir, „sie fliegt nun schon das zehnte Mal gegen die Fensterscheibe. Die lernt es wohl nie." Obwohl wir Menschen unser Bewusstsein zum Lernen aus Erfahrungen einsetzen können, verhalten wir uns im Unternehmensalltag viel zu oft wie die dumme Fliege: IT-Projekte werden der Reihe nach in den Sand gesetzt, man startet den dritten Sanierungsversuch mit der gleichen strategischen Positionierung, usw. Organisationales Lernen passiert selten von selbst. Menschen und Organisationen brauchen Prozesse und Strukturen, die helfen, Erfahrungen auszuwerten und Wissen weiterzuentwickeln. Die größten Feinde des Lernens sind das Kopieren alter Erfolgsmuster und das Ignorieren von Misserfolgsmustern.

Die Entwicklung von Organisationen erfolgt nie linear. Um als Organisation zu lernen, werden Schleifen durchlaufen, die sie immer wieder ein Stück näher an die Ziele bringen. Die systemische Schleife ist ein einfaches Denkmodell. Es hilft, bei Veränderungsvorhaben Handlungen bewusster zu gestalten und gemachte Erfahrungen zu nutzen.

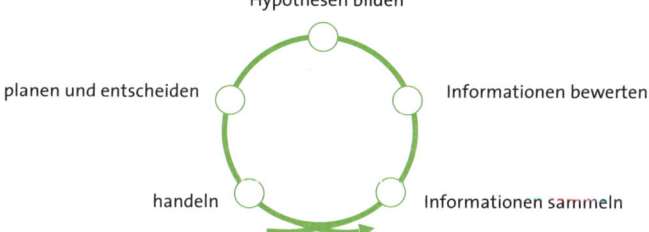

Unter Zeitdruck werden wir verführt, die Schleife abzukürzen, um rasch zu entscheiden und zu handeln. Die wesentlichen Schritte für das Lernen über die Organisation sind aber die Auswertung der Informationen, die Bildung von Hypothesen („Welche Maßnahmen lösen welche Reaktionen aus?) und – darauf aufbauend – die Planung wirksamerer Interventionen.

Tipps

1 Werten Sie die Erfahrungen aus Projekten systematisch aus. Eine gute Methode dafür ist CORAL (Critical Original Reliable Actionable Learnings): Sammeln Sie dazu nach Abschluss von Meilensteinen mit Beteiligten die Erfolgspunkte und Fehler je Phase (am besten in Einzelarbeit mit Kärtchen). Werten Sie dann gemeinsam die wesentlichen Erkenntnisse aus. Leiten Sie davon mögliche Schlussfolgerungen für die nächste Phase oder ein nächstes Projekt ab.

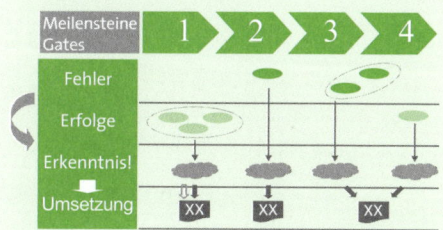

Quelle: Dr. Martin J. Eppler

2 Praktizieren Sie After Action Reviews. Werten Sie heikle Gesprächssituationen, Workshops, Veranstaltungen etc. sofort im Anschluss mit den Beteiligten kurz aus: Was ist gut gelaufen? Was nicht? Was machen wir beim nächsten Mal anders?

Executive Coaching – einen Denkraum finden

Sie sind eine Führungskraft der obersten Ebene, Sie haben es geschafft. Sie gestalten und entscheiden, Sie sind erfolgreich. Gibt es eigentlich noch etwas, das Menschen in derartigen Positionen nicht haben? Die Antwort ist einfach und trifft auf sehr viele zu: Es fehlt der Raum und die Zeit zum strukturierten Denken. In der Bewältigung des Führungsalltages kommt der reflexive Austausch von Gedanken zu kurz.

C. Otto Scharmer sagt: „Die Entwicklung von Situationen hängt davon ab, wie man an sie herangeht, das heißt von der eigenen Aufmerksamkeit und Achtsamkeit." Gerade für die Entwicklung dieser Qualitäten ist Ruhe und Einsicht gefragt.

Es gibt verschiedene Wege, zu Ruhe und Einsicht zu gelangen. Einer davon kann Coaching sein. Im Coaching geht es darum, den eigenen Gedanken nachzuspüren, Klarheit zu gewinnen, Vermutungen und Hypothesen überprüfen zu können. Die Schaffung und Gestaltung eines dafür geeigneten Raumes ist Aufgabe eines Coachs.

Im Coaching können Führungskräfte erwarten, dass ihnen mit wirklichem Interesse und Respekt zugehört wird. Forschende und scharfsinnige Fragen von Seiten des Coachs ermöglichen den Blick auf ein realistisches Bild von Situationen. Gewährt der Coach auch emotionale Unterstützung, entsteht für den Manager ein Denkraum. Verbindliche Aufmerksamkeit ermöglicht es, Zugang zu den eigenen tieferen Einsichten und Lösungen zu gewinnen.

In Phasen relevanter Entwicklungen in Unternehmen braucht der Betrieb die Aufmerksamkeit und Achtsamkeit von Führungskräften. Daher ist Coaching – als begleitendes Element in Veränderungsprozessen – eine kraftvolle Methode der Unterstützung.

Tipps

1 Wählen Sie Ihren Coach sorgfältig aus: Ein Coach kann Ihnen dann hilfreich sein, wenn er Ihnen zuhört, zuhört und wieder zuhört, und das in verbindlicher Aufmerksamkeit und mit wirklichem Interesse, das es Ihnen ermöglicht, den eigenen Gedanken auf die Spur zu kommen.

2 Executive Coaching ist dann kraftvoll, wenn Sie das Gefühl haben, einen gleichwertigen Partner gegenüber zu haben.

3 Lassen Sie sich von einem Coach nicht von Ihrem eigenen Denkweg abbringen.

4 Auch Ihre Gefühle müssen zugelassen und respektiert werden.

5 „Du bist hier wichtig", sollte die Atmosphäre ausstrahlen, wenn Coaching gut gelingen soll.

185

10 Offene Kommunikation leben

„Man kann nicht nicht kommunizieren", sagt Paul Watzlawick. Dennoch sollte man die Kommunikation, vor allem in Veränderungsprozessen, nicht dem Zufall, der Gerüchteküche oder – in alter Manier – den offiziellen Verlautbarungsorganen überlassen.

Change braucht lebendige Kommunikation, Dialog statt Diskussion, authentische Begegnungen von Menschen, Emotionen und Erlebnisse, das heißt Situationen, in denen sich Menschen wertgeschätzt fühlen und ihre Sehnsucht nach echtem Kontakt erfüllt wird.

Die Story der Veränderung klarmachen

Zu Beginn war alles noch wunderbar: Die Mitglieder des Kernteams kamen regelmäßig zu den Sitzungen, die Stimmung war gut und inhaltlich kam man gut voran. Doch plötzlich wurde es zäh. An eine volle Anwesenheit bei Projektsitzungen ist nun nicht mehr zu denken, Mitarbeiter werden nicht mehr ausreichend freigestellt, die Gerüchte über ein mögliches Scheitern des Projekts mehren sich.

Offensichtlich ist die Energie verlorengegangen, es zeigt sich passiver Widerstand. Entweder ist die Notwendigkeit nicht mehr allen Teammitgliedern klar, sie glauben nicht mehr an das Ziel oder der Weg scheint ihnen nicht mehr realistisch.

Dies ist kein ungewöhnlicher Verlauf und nicht gänzlich zu verhindern. Er zeigt jedoch, wie wichtig es ist, von Anfang an ausreichend und passend zu kommunizieren. Zu Beginn geht es darum, allen das Vorhaben nachvollziehbar zu machen und Energie dafür freizusetzen. Später ist es notwendig, immer wieder die Story der Veränderung in Erinnerung zu rufen. Diese Geschichte soll möglichst klar und einfach sein. Sie soll im Kern die Fragen beantworten: Warum müssen wir uns verändern? Wohin wollen wir uns verändern? Was wird uns das bringen? Wie kommen wir dort realistisch hin? Empfehlenswert ist auch eine einprägsame grafische Darstellung:

Tipps

1 Entwerfen Sie eine klar kommunizierbare Geschichte für die Veränderung, die dabei hilft, bei Ihren Mitarbeitern ein klares Bild im Kopf entstehen zu lassen.

2 Haben Sie als Führungskraft Mut zur Wiederholung! Stellen Sie in (fast) jedem Meeting einen passenden Bezug zum Veränderungsprojekt her. Steter Tropfen höhlt den Stein. Stellen Sie dabei sicher, dass alle Schlüsselpersonen die gleichen Botschaften vermitteln.

3 Nutzen Sie diese Story der Veränderung zur Reflexion des Projektstatus und identifizieren Sie dadurch den Handlungsbedarf: Wissen wir noch, warum dieses Vorhaben wichtig ist und hoher Veränderungsdruck besteht, oder müssen wir uns die Gründe dafür in Erinnerung rufen? Ist das Ziel nach wie vor attraktiv oder sollten wir es nachschärfen? Halten wir den Weg noch für realistisch oder sollten wir ihn adaptieren?

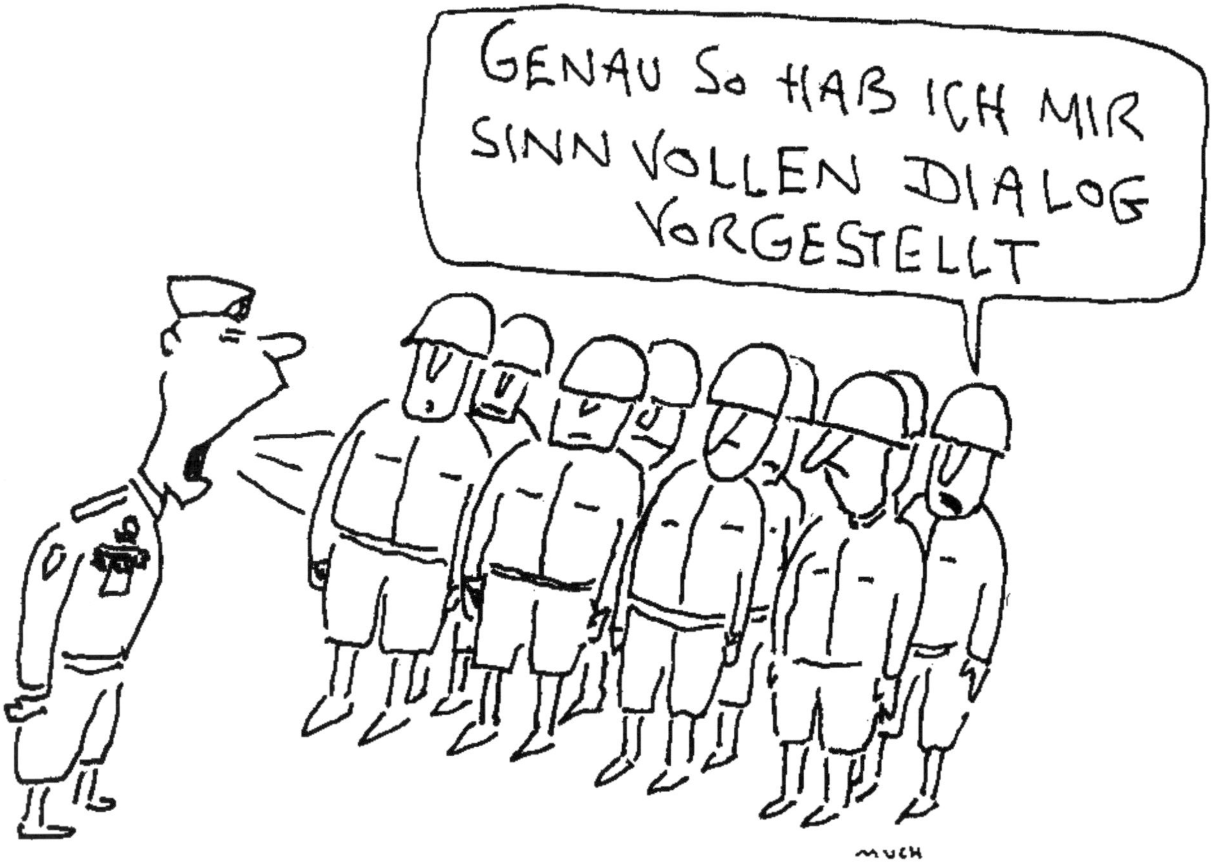
GENAU SO HAB ICH MIR SINNVOLLEN DIALOG VORGESTELLT
MUCH

Dialoge führen statt predigen

Viele Führungskräfte verspüren einen starken Druck, immer Antworten parat haben zu müssen. Daher fühlen sie sich oft genötigt, mit fertigen Konzepten vor die Mitarbeiter zu treten und damit ihre Funktion zu rechtfertigen. In Veränderungsprozessen sind die Anforderungen an Führungskräfte jedoch vielfältiger. Sie sollen Sicherheit vermitteln, indem sie klar sagen, was die nächsten Schritte zur Bewältigung der aktuellen Herausforderung sein werden. Bei der Erarbeitung konkreter Inhalte erwarten die Mitarbeiter jedoch Einbeziehung und Dialog. Daher ist es empfehlenswert, nicht mit einer komplett fertigen Lösung vor die Belegschaft zu treten, sondern das von einer Projektgruppe erarbeitete Konzept offen zur Diskussion zu stellen. Dabei sollte immer genau ausgeschildert werden, was schon fix und was noch gestaltbar ist.

Besonders gut eignen sich dafür Großgruppenveranstaltungen, wie zum Beispiel RTSC-Real Time Strategic Change. Hierbei geht es darum, möglichst wenig „Musik von vorn" zu bieten, sondern sehr dialogorientiert vorzugehen. Ein Beispiel für eine typische Abfolge: Kurzpräsentation, Austausch in 8er-Sesselkreisen, Rückspielen ins Plenum, Conclusio. Wichtig dabei ist, dass es nicht zu einer „Scheinpartizipation" kommt, sondern dass die Rückmeldungen tatsächlich ernst genommen werden.

Führungskräfte sollten vermehrt einen derart bewussten Dialog pflegen. Mitarbeiter nehmen dies sehr positiv wahr.

Tipps

1 Beobachten Sie sich von Zeit zu Zeit selbst, wie viel Gesprächsanteil Sie selbst haben und wie oft Sie bewusst zuhören.

2 Fördern Sie in Ihrer Organisation den bewussten Dialog: Zur Sprache bringen – bewusst zuhören – Meinungen anderer respektieren – vorgefasste Meinungen loslassen und nicht vorschnell urteilen.

3 Setzen Sie Großgruppenveranstaltungen für den Dialog mit Ihren Mitarbeitern ein. Eine Möglichkeit ist das „World Café". Versammeln Sie je vier bis fünf Personen um einen Tisch, auf dem ein Flipchart-Papier und Stifte liegen. Stellen Sie allen die gleiche Frage, etwa: Was können wir tun, um gemeinsam noch erfolgreicher zu sein? Die Teilnehmer sollen von Beginn an mitschreiben, zeichnen, kritzeln etc. Nach 20 Minuten bleibt der „Gastgeber" am Tisch und alle anderen wechseln an andere Tische. Meist werden drei Runden durchlaufen und am Schluss gibt es einen Kurzbericht. Sie werden erstaunt sein, wie viele – bereits untereinander vernetzte – gute Ergebnisse nach einer Stunde vorliegen (www.theworldcafe.com).

Ängste ernst nehmen

Viele fürchten Veränderungen. Menschen haben jedoch weniger Angst vor dem Neuen als vor dem Loslassen von Bestehendem. In einem Gespräch mit Edgar H. Schein, dem Vordenker der Organisationsentwicklung, konnten wir neben der Angst vor dem Jobverlust drei Quellen für Ängste vor Organisationsveränderungen herausarbeiten.

1. Die Angst vor dem Verlust der Identität
Kann ich von meiner über Jahre gewachsenen Identität loslassen? Bin ich überhaupt in der Lage, den Kern meiner beruflichen Identifikation neu zu definieren? Eine Frage, die sich beispielsweise für viele stellt, die in der öffentlichen Verwaltung tätig sind: Wie kann aus einem Beamten, der dafür sorgt, dass Gesetze ordnungsgemäß eingehalten werden, plötzlich ein serviceorientierter Kundenbetreuer werden?

2. Die Angst vor dem Verlust der sozialen Heimat
Menschen suchen die Sicherheit einer sozialen Umgebung, in der Konventionen oder wechselseitige Erwartungen eingespielt sind. Man weiß, wie die anderen ticken. Damit ist vieles kontrollierbar. Und jetzt soll man plötzlich in ein anderes Büro siedeln, mit anderen Menschen hautnah zusammenarbeiten und muss sich einer neuen Gruppenbildung stellen. Dieser Umstand löst Unbehagen aus, des Öfteren auch Ängste, insbesondere dann, wenn Menschen über Jahre in stabilen beruflichen Beziehungen gelebt haben.

3. Die Angst vor Überforderung
Neues kommt auf mich zu, sei es eine neue IT, neue Kunden, fremde Kulturen oder eine andere Sprache. Die zentralen Fragen lauten dann: Kann ich das? Besteht das Risiko zu versagen? Von welchen bestehenden Fähigkeiten muss ich loslassen und wie lerne ich das Neue möglichst schnell?

Tipps

1 Helfen Sie den Betroffenen einer Veränderung bei der Gestaltung einer neuen beruflichen Identität. Werten Sie dabei deren jahrelang aufgebaute Identitäten nicht ab. Bieten Sie unabhängiges Coaching an.

2 Unterstützen Sie neu zusammengestellte Teams oder Abteilungen bei deren gruppendynamischen Entwicklungen. Ein zweitägiger Team-Kick-off ist ein guter Start, um das Kennenlernen zu fördern und Beziehungen neu zu definieren. Monatliche „Teamwartungsprozesse" helfen, dass die emotionale Zufriedenheit zu- und die Ängste abnehmen.

3 Planen Sie Qualifizierungsmaßnahmen schon zu Beginn des Change-Prozesses ein. Bieten Sie von Veränderung Betroffenen frühzeitig Fachtrainings, Coaching, Supervisionen, Führungstrainings, E-Learnings etc. an.

Den Betroffenen reinen Wein einschenken

Eine Krise zeichnet sich ab, Märkte brechen ein, die Billigkonkurrenz kommt bedrohlich nahe oder überflügelt das eigene, bestens etablierte Unternehmen – kurzum eine eindeutig bedrohliche Situation. Das Management aber schweigt und laviert, setzt halbherzige Maßnahmen ein und bastelt im Untergrund am Radikalumbau oder Verkauf des Unternehmens. Alle im Unternehmen vermuten es, keiner spricht darüber – die Gerüchteküche brodelt. Obwohl es in der Branche kracht, werden nach außen Schönwetterprognosen abgegeben. Wenn dann endlich die Katze aus dem Sack ist, plötzlich Sparten zugesperrt werden, ein drastisches Sparprogramm überfallartig durchgezogen wird und zahlreiche Kollegen ihren Job verlieren, ist der Groll groß – viele Menschen fühlen sich „verschaukelt".

Was wäre, wenn das Management vor die Belegschaft tritt und glasklar sagt, was Sache ist? Die Mitarbeiter wüssten, woran sie sind, und könnten sich darauf einstellen. Sie würden falsche Hoffnungen begraben beziehungsweise erforderliche persönliche Entwicklungsschritte setzen oder andere Konsequenzen ziehen.

Ärgern Sie sich auch manchmal über die „Schönredner" und „Um-den-heißen-Brei-Redner"? Die meisten Menschen fühlen sich besser aufgehoben und wertgeschätzt, wenn die Fakten von vornherein klar und ungeschminkt auf den Tisch gelegt werden. Das ehrliche Bemühen um Transparenz und die Information über – auch unerfreuliche – Maßnahmen stärken das Vertrauen in die Führung: „Die da oben" tun was und bemühen sich, die Situation zu meistern.

Tipps

1 Wertschätzung gegenüber Mitarbeitern heißt, ihnen die Wahrheit zu sagen, auch wenn noch an den Veränderungsstrategien getüftelt wird. Informieren Sie Ihre Mitarbeiter, dass Sie über Neuerungen nachdenken. Frustrieren Sie sie nicht damit, dass sie am Stammtisch oder aus der Zeitung erfahren, was Sache ist.

2 Sobald Sie wissen, wie es weitergeht, legen Sie die Karten auf den Tisch. Bei Umstrukturierungen, Einführung neuer Technologien oder Schließungen von nicht mehr rentablen Bereichen haben die Mitarbeiter ein Anrecht auf Klarheit über ihre Zukunft. Das baut Ängste ab, sie bleiben eher an Bord und tragen die Veränderung mit.

3 Sagen Sie als Vorgesetzter Ihren Mitarbeitern, was Sie besonders an ihnen schätzen, aber auch, wo Sie Grenzen sehen. Vereinbaren Sie klare Entwicklungsziele und sprechen Sie offen über deren Hoffnungen und die realistischen Chancen auf weitere Karriereschritte im Unternehmen.

Widerstand als Botschaft erkennen

Ihre Organisation steht vor großen Herausforderungen und muss umgebaut werden. Sie als Führungskraft wissen, dass für Ihre Mitarbeiter große Veränderungen anstehen. Projekte werden aufgesetzt, Mitarbeiter und Belegschaftsvertreter werden informiert und in die Projektarbeit mit einbezogen. Sie sind bemüht, die Notwendigkeit der Veränderungen glaubhaft zu vermitteln, und haben das Gefühl, dass die Botschaft angekommen ist. Trotzdem werden vereinbarte Maßnahmen wieder hinterfragt oder nur halbherzig umgesetzt. Es ist spürbar „Sand im Getriebe".

Widerstand wird nie ohne Grund geleistet, er enthält immer eine Botschaft, häufig eine der folgenden:
• Sie konnten die Notwendigkeit der Veränderung nicht ausreichend glaubhaft vermitteln. Niemand verändert sich gerne, und schon gar nicht, wenn es nicht unbedingt notwendig ist.
• Die Mitarbeiter haben in der Vergangenheit schlechte Erfahrungen gemacht und glauben den Zusagen des Managements daher nicht.
• Die Mitarbeiter sind von den Veränderungen negativ betroffen und erwarten sich keine Vorteile.

Zum Umgang mit Widerstand ist es hilfreich, diese drei typischen Ursachen von Widerstand zu erkennen:
1. Sachliche Bedenken
2. Ängste
3. Eigeninteressen

Je nach Ursache finden Sie in den Tipps unterschiedliche Möglichkeiten des Umganges.

Tipps

1 Nutzen Sie sachliche Bedenken oder Einwände von Mitarbeitern als Quelle zur Verbesserung Ihrer Konzepte. Stellen Sie sich der inhaltlichen Auseinandersetzung und Sie haben die Chance, aus „Widerständlern" Mitstreiter zu machen.

2 Wenn Menschen aus Angst Widerstand leisten, werden sie auf Sachargumente nicht positiv reagieren, wohl aber auf einfühlsames Vorgehen. Versuchen Sie, die Ängste durch Nachfragen und Zuhören zu verstehen. Nicht Beschwichtigen oder Verharmlosen, sondern sich dem Problem stellen und faire und klare Lösungen suchen!

3 Wenn ein einfühlsames Vorgehen auch nach mehreren Gesprächen keine Wirkung zeigt, treibt Eigeninteresse den Widerstand an. Hier geht es um die Durchsetzung mit Macht beziehungsweise Kompromissfindung.

197

Das Positive sehen und verstärken

Wir sind perfekt darauf trainiert, das Negative, das Störende, das Bedrohliche zuerst zu sehen: der Räuber im Wald, die wilde Raubkatze im Dschungel, die Schlaglöcher auf der Straße … Das verstellt jedoch unseren Blick und unsere Aufmerksamkeit auf das Schöne in der Landschaft.

Auch bei einem Mitarbeitergespräch oder bei der Zusammenstellung eines Projekt- oder Führungsteams liegt die Aufmerksamkeit oft auf den Defiziten: „Der hat das schon einmal verbockt, der kann das doch nicht, der ist doch in diesem Punkt ganz schwach." Der Mannschaft wird nichts oder zu wenig zugetraut.

Ein kurzer Ausflug in die Theorie der Appreciative Inquiry (AI) kann dabei Abhilfe schaffen: Wertschätzende Befragung stimuliert positive Referenzerfahrungen aus der Vergangenheit und verstärkt positive Handlungsanleitungen für die Zukunft.

Zentraler Punkt ist eine wertschätzende Grundhaltung: Wenn Sie Ihre Organisation als Problem sehen, das laufend gelöst werden muss, erhalten Sie Probleme. Wenn Sie Ihre Organisation als Potential sehen, wird auch die Entwicklung dieser Aufmerksamkeit folgen. Für alle, die mehr formales Vorgehen brauchen – der AI-Zyklus hat vier Phasen:

Discovery: Erkunden, Verstehen und Wertschätzen, was bereits da ist.
Dream: Visionieren, es wird geträumt, was im besten Fall sein könnte.
Design: Gestalten und vereinbaren, was sein soll.
Destiny: Umsetzungsphase. Planen, was künftig sein wird.

Tipps

1 Drei Anwendungsbeispiele, die helfen, Positives zu verstehen:

Feedback: Auch wenn die Kritik schon auf den Lippen brennt, beginnen Sie mit zwei positiven Aspekten.
Fusion von Organisationen: Es geht nicht darum, wer es besser gemacht hat, sondern um das „best of both".
Zusammenstellung eines Führungsteams: Der Unterschied ist nicht bedrohlich, sondern macht reich.

2 „Talking tough" ist nicht weniger sozial als „talking nice" – springender Punkt ist die Wertschätzung.

3 Sie können die Kraft der positiven Erfahrungen verstärken, wenn Sie auch (Zwischen-)Erfolge feiern.

Ein Fest feiern

Aus Ihrem privaten Umfeld kennen Sie sicher zwei Arten von Festen: Langweilige und lustige. Hand aufs Herz: Wie viele sind es, zu denen Sie eher aus Pflichterfüllung hingehen? Auf den ersten Blick passt alles. Das Catering ist top, die Location attraktiv, es werden geschliffene Reden gehalten und bei der einen oder anderen Performance kommt auch für kurze Zeit Stimmung auf. Abhängig von Ihren Gesprächspartnern empfinden Sie das Fest mal ganz nett, mal eher langweilig.

Und dann gibt es die richtigen Feste, die von der Herzlichkeit der Gastgeber leben, die darauf achten, dass sich die Gäste so richtig wohlfühlen. Wo die Gastgeber nicht sich selbst in den Mittelpunkt stellen, sondern ihre Gäste. Feste, auf denen nicht alles perfekt inszeniert ist, keine Kommunikationsrituale gepflegt werden, sondern unterschiedliche Menschen intensiv in Kontakt kommen. Singen, Tanzen, Spielen, gemeinsam Lachen sind „die Prise Salz" dazu.

Aber was hat das Ganze mit Change Management zu tun? Feste sind Rituale, die Gemeinschaft spürbar machen. Das gilt auch für Firmenfeste. Denn Unternehmen sind nicht nur rationale, zielorientierte Gebilde, sondern für viele Mitarbeiter auch eine Heimat und ein Ort, an dem sie soziale Gemeinschaft erleben. Bei Veränderungen geht es häufig darum, von einer sozialen Umgebung loszulassen und neue Beziehungen aufzubauen. Es gilt, eine neue Gemeinschaft zum Leben zu erwecken.

Gestalten Sie daher in Ihrem Veränderungsprozess immer wieder ein Fest. Ein Fest, bei dem Sie als Veränderer in die Gastgeberrolle schlüpfen, ein Fest, das Ihre Handschrift und Herzlichkeit trägt, als ob es für Ihre besten Freunde ausgerichtet wäre.

Tipps

1 Das Abschieds-Fest: Geht eine Ära zu Ende, wird ein Unternehmen übernommen oder eine Organisationseinheit aufgelöst, dann inszenieren Sie den Abschied mit ehrlichem Dank für die Vergangenheit. Lassen Sie viel Platz für das Ausleben von Erinnerungen, Geschichten und der Sentimentalität, die fast jede Geschichte beinhaltet.

2 Das Kennenlern-Fest: Werden zwei Unternehmen fusioniert oder Abteilungen zusammengelegt, dann schaffen Sie Raum und Gelegenheit für das Knüpfen neuer Kontakte. Hilfreich sind spielerische Elemente und „Wasserstellen", an denen sich neue Gruppen kennenlernen können. Verwenden Sie einfache Settings, die die Teilnehmer bewusst durchmischen und so neue Kontakte entstehen lassen. Feiern Sie an Plätzen, die gute Gelegenheiten bieten, sich ungezwungen kennenzulernen – beim Grillen, an einer Bar, bei einer Weinverkostung oder beim Lagerfeuer.

201

Nichts ist so praktisch wie eine gute Theorie

Worauf bauen Führungskräfte beim Management von Veränderungen? Auf Erfahrung, Talent, Intuition, auf ihren Instinkt oder auf erlernte Instrumente und Methoden? Hinter dem Handeln von Managern stehen meist explizite oder implizite persönliche Grundannahmen darüber, wie Menschen und Organisationen „ticken" und wie ihr Verhalten beeinflusst werden kann. Das Hinterfragen dieser Grundannahmen kann zu einem besseren Verständnis des eigenen Verhaltens führen. Denn bekanntlich ist ja nichts so praktisch wie eine gute Theorie.

Die Auseinandersetzung mit diesen Theorien hat auch uns Autoren in der Entwicklung unseres Beratungs- und Change-Verständnisses jahrelang begleitet. Seminare, Gespräche mit Vordenkern wie Edgar H. Schein, Peter Senge, C. Otto Scharmer, Klaus Doppler, Fritz Simon oder Wolfgang Loos haben uns dabei ebenso beeinflusst, wie die Sehnsucht, diese Impulse in unserer praktischen Arbeit gezielt zu nutzen. Einige handlungsleitende Prinzipien haben wir auf den folgenden Seiten zusammengefasst.

1. Organisationen sind soziale Systeme

Auch wenn die Betriebswirtschaft und viele Managementinstrumente es immer wieder vorgaukeln: Organisationen verhalten sich nicht rational und schon gar nicht sind sie steuerbar wie Maschinen. Sie sind soziale Systeme mit folgenden Merkmalen:

1. Organisationen erfüllen einen Zweck für ihre Umwelt („primary task"), der meist über das Erzielen von Profit hinausgeht.
2. Organisationen versuchen immer, ihre Identität beizubehalten.
3. Organisationen haben typische, immer wiederkehrende Verhaltensmuster.
4. Organisationen können von außen nicht instruiert werden – man kann sie nur „zerschlagen" oder „kunstvoll stören".
5. Was eine Organisation mit Störungen tut, entscheidet sie selbst.
6. Organisationen vereinen oft mehrere Grundlogiken (politische, Wirtschafts-, Verwaltungslogik ...) in sich.

Wer als Change-Manager in sozialen Systemen interveniert, muss sich bewusst sein, dass das Ergebnis einer Intervention immer ungewiss ist, und sei sie noch so durchdacht, wohlüberlegt und eindeutig. Wir können aber aus der Wirkung einer Intervention etwas über die Organisation lernen, zum Beispiel über ihre Verhaltensmuster.

2. Wir konstruieren unsere Wirklichkeit

Beim Führen und Verändern gibt es keine objektiven Wahrheiten. Wir alle sind Konstrukteure unserer Wirklichkeit. Alles, was wir wahrnehmen, ist subjektiv – abhängig von unserer Geschichte und unseren Erfahrungen, von unserer Fähigkeit der Wahrnehmung, von unserem Wertegerüst, von unseren Überzeugungen und unserem kulturellen Umfeld. Wir konstruieren aber Bereiche von Pseudo-Objektivität, von Richtig- oder Falsch-Urteilen, um handlungsfähig zu sein.

3. Interessen beeinflussen das Verhalten

In jeder Organisation agieren Menschen oder Gruppen mit persönlichen Interessen. Im Gegensatz zur Theorie des „homo oeconomicus", der eigeninteressiert, rational, mit konstanten Präferenzen und somit vorhersehbar handelt, sind Interessen in der Realität immer subjektiv und für anders Denkende selten sinnvoll. Die persönlichen „Währungen" jedes Einzelnen, in denen er seinen Erfolg und den Sinn seiner Aufgaben misst, sind unterschiedlich. Rationale Argumente werden eingesetzt, wenn sie der Unterstützung der eigenen Interessen dienen.

Besonders in Veränderungsprozessen werden laufend Interessen verhandelt, wobei die „Währungen" von den Verhandlungspartnern bestimmt werden. Diese Verhandlungen finden für den Beobachter sowohl sichtbar als auch unsichtbar statt.

4. Die Psycho-Logik ist irrational

Menschen reagieren unterschiedlich auf Veränderungen. Ob eine Veränderung uns beflügelt oder ängstigt, hängt ganz davon ab, wie sehr wir den Eindruck haben, die entsprechende Situation kontrollieren zu können. Die Erfahrung von Veränderung ist aufregend, ja berauschend, setzt Energie und Kreativität frei, wenn wir sie selbst herbeiführen und gestalten können. Sie ist bedrohlich, wenn sie uns widerfährt. Je mehr Wahlmöglichkeiten die Menschen in Veränderungssituationen sehen, umso eher können und wollen sie sich auf den Prozess der Veränderung einlassen, mitmachen und mitgestalten. Signalisiert die Veränderung allerdings Kontrollverlust und Machtlosigkeit, dann ist das Neue bedrohlich, der Mensch reagiert mit Stress.

Das ist stammesgeschichtlich eine intelligente Reaktion, denn Unbekanntes könnte immer auch Gefahr bedeuten – das war schon vor zehntausenden Jahren so. Gefahr wird im Stammhirn entschlüsselt und macht den menschlichen Körper bereit für Flucht oder Angriff. In Organisationen heißen die Bedrohungen bei Veränderungen beispielsweise Gesichtsverlust, Kompetenzeinschränkung, Verlust von Position, Überraschung oder Verunsicherung. Menschen reagieren mit Widerstand, mangelnder Motivation und Rückzug. Sollen Veränderungen gelingen, muss auf diese Besonderheiten der menschlichen Psyche Rücksicht genommen werden – durch genügend Information zum richtigen Zeitpunkt, Beteiligungsmöglichkeiten, nachvollziehbare Schritte der Veränderung sowie Klarheit und Ehrlichkeit.

5. Das Selbst ist eine wesentliche Quelle

Nicht alles ist erklärbar. So wie der Künstler vor der leeren Leinwand steht und beim Malen seines Bildes seinen inneren Gefühlen folgt und sich darauf einlässt, folgen Manager ihrer inneren Stimme. „Ich kann nicht sagen, warum ich mich so für diese Lösung, diesen Menschen ins Zeug gelegt habe, aber ich spürte einfach, dass es richtig war." Solche Aussagen hören wir immer wieder von Führungskräften, die Großes bewegt haben. Nachhaltige Entwicklungsprozesse in Organisationen sind immer mit persönlichen Entwicklungen wichtiger Personen gekoppelt. Laut C. Otto Scharmer sind es zwei zentrale Fragen, denen wir uns stellen müssen, wenn wir als Führungskräfte kraftvoll agieren wollen:

„Who is my Self? What is my Work?"

204

Auf den „Fit" kommt es an

Warum passiert es, dass Manager, die in einem Unternehmen Großes geleistet haben, in einem anderen scheitern? Warum funktioniert es nicht immer, Erfolgsrezepte, Vorgehensweisen und Instrumente von anderen zu übernehmen und in der eigenen Organisation anzuwenden? Warum ist ein Beratertyp in einem Unternehmen höchst erfolgreich, in einem anderen aber wenig wirksam?

Ein einfaches Modell des Columbia-Professors Harvey Hornstein hilft, die Frage „Wie bin ich als Change-Manager wirksam?" einzuordnen. Seine Aussage: „Es geht immer um eine möglichst große Deckung (‚Fit') des **Ich**, also meiner Persönlichkeit und meiner Besonderheiten, mit den erforderlichen **Modellen**, Werkzeugen, Skills, Know-how und mit dem **Kontext**, das heißt mit der Situation, den besonderen Umständen, der Logik des Unternehmens, der Branche etc."

Passen diese drei Aspekte – Persönlichkeit, Modelle und Kontext – nicht zusammen, werde ich unwirksam. Die in einer Situation besten Persönlichkeitsmerkmale und wirksamsten Instrumente können in der falschen Umgebung oder unter anderen Umständen wirkungslos sein. Ebenso werde ich scheitern, wenn ich persönlich zwar gut in den Kontext passe, mir aber das Know-how und die passenden Instrumente für die Aufgabe fehlen.

Denken Sie einmal kurz nach. Sie kennen sicher Situationen, in denen der „Fit" fehlte und Sie trotz aller Mühe als Person nicht wirksam wurden. Schade, aber das bekannte Schweizer Taschenmesser für alle Anlässe gibt es im Change Management nicht.

Das Gleiche gilt übrigens für Berater.

205

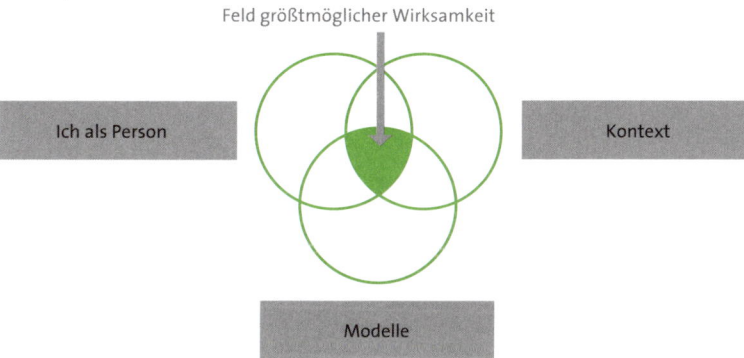

Feld größtmöglicher Wirksamkeit

Ich als Person

Kontext

Modelle

Häufig werden bei Change-Projekten externe Berater beigezogen. Berater gibt es jedoch wie Sand am Meer. Und folglich eine Vielzahl an unterschiedlichen Beratungsstilen. Ein kurzer Überblick soll erläutern, wie sie wirken und worin die Unterschiede bestehen.

Die Konzeptberater

Sie formulieren Strategien, arbeiten neue Organisationskonzepte aus und spüren Kosteneinsparungspotentiale auf. Oft entstehen mit beachtlichem Aufwand hochwertige Konzepte, diese werden in Powerpoint-Folien oder in Berichten professionell aufbereitet. Aber entsteht aus den Konzepten auch neues Verhalten?

Die Rationalisierer

Rationalisierungsberater arbeiten mit einfachen Methoden und viel Manpower gegen ein schwaches Management. Ihr Leistungsversprechen lautet: Mit viel Druck jegliche Art von Kosten senken und „den angesammelten Speck entfernen". Wesentliches Leistungsargument: Die ersten Analysen sind gratis, die Berater verdienen dann abhängig vom Einsparungserfolg. Grundsätzlich ein praktikabler Ansatz für eine radikale Schlankheitskur – aber sind diese Programme auch nachhaltig? Wenn die erforderlichen Entwicklungen in den Managementstrukturen und in der Kultur nicht stattfinden, werden Verhaltensmuster dann wirklich verändert?

Die Trainer

Trainingsinstitute liefern zumeist effektvoll gestaltete Programme, die Verhaltensänderungen bewirken oder helfen sollen, neue Managementmethoden zu erlernen. Die beabsichtigte Wirkung in der Praxis tritt jedoch oft nicht in erwartetem Ausmaß ein. Der Grund dafür: Viele Trainings sind nicht an den Unternehmensalltag angekoppelt.

Die Systeminstallateure

Die auf Systemeinführungen spezialisierten Beratungsfirmen definieren sich immer wieder über neue Managementmethoden (z. B. BSC, Performance Management, 360-Grad-Feedback), die helfen sollen, besser zu sein als der Wettbewerber. Gute Systeme helfen beim wirkungsvollen Management. Die Frage ist allerdings, ob es die Instrumente sind, die die anstehenden Probleme lösen und die die Organisation genau jetzt braucht.

Die Erfüllungsgehilfen

Das Prinzip lautet: Die Berater müssen für das Top-Management oder den Aufsichtsrat Entscheidungsgrundlagen aufbereiten. Mitarbeiter werden nur eingebunden, um Daten zu erheben und die Akzeptanz bei der Umsetzung zu verbessern. Der Auftraggeber selbst ist nicht Teil der Beratung, er ist lediglich Berichts- und Konzeptempfänger. Ziel ist es, durch gute Methoden auch einen gewissen Druck auf die Mitarbeiter auszuüben und sie von den vorgeschlagenen Systemen zu überzeugen. Oft arbeiten die Berater dabei auch gegen das mittlere Management.

Die gerade beschriebenen Beratungsformen sind generell kritisch zu sehen, wenn sie nachhaltigen Change bewirken sollen. Jede der Formen kann aber trotzdem in bestimmten Fällen passend und hochwirksam sein. Strukturen können aufgebrochen, Wissen und Methoden schnell und effizient ins Unternehmen gebracht und Konzepte sauber strukturiert werden. Dies sind oft Arbeiten, für die das Management entweder zu wenig Zeit oder nicht das professionelle Handwerkszeug hat.

Die Systemiker

Ob Prozessberater, Coachs, Organisationsentwickler: Seit etlichen Jahren nennen sich immer mehr Menschen „systemische Berater". Fast jeder Berater, der sich mit psychosozialen Prozessen (individuelle Entwicklungen, Gruppendynamik und Organisationsentwicklung) und Systemtheorie beschäftigt, ist stolz auf sein systemisches Theoriefundament. Die Logik dahinter unterscheidet sich massiv vom rationalen Weltbild vieler Konzeptberater. Organisationen werden als soziale Systeme verstanden, die sich autopoietisch verhalten und nicht instruierbar, sondern nur irritierbar sind. Es gilt Kunden-Systeme, Berater-Systeme und Berater-Kunden-Systeme zu differenzieren und Beratung als hochprofessionelle Intervention zu verstehen. Diese Ansätze der Systemtheorie sind faszinierend und eine solide Basis für nachhaltige Entwicklungen. Dialogische Methoden oder analoge Ausdrucksformen, wie Malen, Theaterspielen, Aufstellungen, beeindrucken und sind wichtige Interventionen, um emotionale Ebenen anzusprechen.

Aber was ist, wenn es um handfeste Managementfragen geht? Wenn Konzeptkompetenz für Organisationsstrukturen, Strategie, Innovation oder gar kaufmännische Methodik gefordert ist? Dann braucht es andere Berater, die Expertisen einbringen oder eben als „Söldner" des Managements arbeiten. Also beschäftigt man Konzeptberater und Systemiker zeitgleich – was nicht so einfach ist, denn sie „ticken" in ihren Weltbildern sehr unterschiedlich. Manchmal gelingt die Kooperation zwischen den beiden Beratertypen. Sehr oft enden solche Prozesse aber im Wettstreit um den besseren Beratungsansatz oder die dominante Vorgehensweise. Der Kunde hat dann zwei Dienstleister: Einen, der Ergebnisse liefert, und einen, der Hypothesen bildet, mit ihm das Verhalten reflektiert und soziale Interventionen setzt.

207

Beratung als CoCreation

In den vergangenen Jahren gab es einige Entwicklungen hin zu einer wirkungsvollen Change-Beratung. Begriffe wie Komplementärberatung oder integrierte Prozess-/Fachberatung sind Beispiele dafür. Wir haben in den vergangenen 25 Jahren einen auf CoCreation basierenden Beratungsansatz entwickelt. Diese Beratungsform war und ist nicht Mainstream, weil dabei an die Profession besondere Anforderungen gestellt werden. CoCreation-Beratung bedeutet, dass Management und Berater eine Phase der Unternehmensentwicklung partnerschaftlich betreiben. Es geht darum, herauszuarbeiten, was die Organisation derzeit braucht und was die besten Wege dorthin sind. Dabei schaffen wir gemeinsam Erfolge und durchleben gemeinsam Krisen – und das alles im Sinne der nachhaltigen Entwicklung des Unternehmens.

Für eine effektive Change-Beratung sind unterschiedliche Beratungsqualitäten notwendig: Erstens wird ein Management-Know-how über den State of the Art von Organisationsdesign, Strategie, Steuerung, Human Resources, Produktion oder Innovation gebraucht. Zweitens geht es um fundiertes Wissen und Erfahrung, wie Change gelingen kann, und um den Einsatz von professioneller Methodik dazu. Und drittens sind profunde Qualitäten der Prozessberatung notwendig. Dies erfordert Berater mit psychosozialen Kompetenzen, das heißt Persönlichkeiten, die soziale Systeme und ihre Dynamiken verstehen und wirksam in gruppendynamischen Prozessen intervenieren können. Es braucht die Qualitäten eines Coachs und Begleiters sowie die eines professionellen Prozess-Moderators für Workshops und Großgruppenveranstaltungen.

Sparringspartner statt Besserwisser

CoCreation-Berater arbeiten auf Augenhöhe mit dem Management, nehmen eigene Standpunkte ein und verbinden psychosoziale Kompetenzen und Managementwissen. Sie verfolgen nicht das Ziel, besser zu sein als der Auftraggeber oder diesen bloß zufriedenzustellen. Sie wollen mit ihm in die gemeinsame Aufgabe einsteigen, um für eine gewisse Zeit die Unternehmensentwicklung voranzutreiben. Die Rollen- und Kompetenzverteilung zwischen Manager und Berater ist geklärt. Was sie verbindet, ist ein gemeinsamer Sinnraum (eine Idee, eine Aufgabe) gepaart mit Vertrauen und Offenheit. In der Praxis gelingt das über die gemeinsame Planung von Veränderungsprozessen, die Auswertung von Erfahrungen und durch inhaltliche Diskussionen auf Augenhöhe. Jeder macht seinen Job. Der Manager führt seine Mitarbeiter, der Berater stellt fachliches Know-how zur Verfügung und gestaltet die sozialen Prozesse. CoCreation funktioniert auf Basis von Vertrauen zwischen Managern und Beratern: Vertrauen in die gemeinsame Aufgabe, Vertrauen in die jeweilige Kompetenz und das Commitment, sich offen Feedback zu geben.

Profilierte Beraterteams

CoCreation-Beratung erfordert ein Team von Beratern, die alle mit dieser Grundhaltung arbeiten und die in unterschiedlichen Rollen agieren können. Braucht es mehr Konzept, wird dieses eingebracht, braucht es mehr Trainings- oder Coachingkompetenz, kommen Profis für Personalentwicklung ins Spiel. Sind Strategie-Workshops zu designen und zu moderieren, dann arbeiten wieder andere Beratertypen. Beratungsunternehmen, die als CoCreation-Berater aufgestellt sind, unterscheiden sich von der Beratungsindustrie und losen Netzwerken ganz wesentlich.

208

Sie verfügen über ein starkes Kernteam von fachlich kompetenten und in sozialen Prozessen erfahrenen Beratern. Jeder im Team versteht das Handwerk der Organisationsentwicklung, der Gruppendynamik und des dialogischen Arbeitens. Jeder hat zumindest eine fachliche Spezialisierung, beispielsweise Strategie, Organisation, Human Resources, Innovation, Produktion. Und sie verstehen, worauf es im Management ankommt.

Partnerschaft auf Zeit

Neben diesem Kernteam werden Profis für Spezialfelder gebraucht, die in jedem Change-Prozess auftauchen. Sei es fachlich oder psychosozial. Alle Berater verbindet die Grundhaltung, nach den Prinzipien der CoCreation ganzheitlich zu arbeiten. Es geht immer um Wirkung, das heißt Lösung von Problemen und nachhaltiges Lernen im Kundensystem. CoCreation-Beratung bedeutet Partnerschaft auf Zeit: Die Phase einer intensiven Kooperation zwischen Kunde und Berater dauert zwar meistens länger als bei klassischen Mainstream-Beratungen, endet aber ganz klar, sobald die Meilensteine der Entwicklung erreicht sind.

Was leistet CoCreation-Beratung?

1. Außensicht einbringen, Feedback organisieren

Jedes Unternehmen hat seinen blinden Fleck. Ungeschriebene Gesetze werden nicht hinterfragt, dem Feedback-System – soweit vorhanden – fehlt es an Frische und Wirkung. Man lebt im eigenen „Biotop" – und das ist in einem bestimmten Maße gut so, weil es stabilisiert. Beratung sorgt für den Blick von außen (Kunden, andere Unternehmen, Berater etc.) und ist ein wichtiger Impuls, um Organisationen in Bewegung zu bringen. Die Kunst dabei ist es, für die jeweilige Situation das richtige Maß und Timing zu finden und die Gratwanderung zwischen Akzeptanz und Ablehnung zu meistern. Beispiele für Feedback-Situationen sind: eine Kundenkonferenz in Anwesenheit des Managements, ein „open staff" (d. h. Berater reden in Anwesenheit des Managements wie in der Kaffeeküche, sie tun so, als ob das Management nicht anwesend wäre) oder ein offenes Feedback an einen CEO über dessen förderliche und hinderliche Verhaltensmuster.

2. Energien mobilisieren, Blockaden beseitigen

Entwicklung erfordert Energie. Diese ist in vielen Personen vorhanden, wird aber nicht ausreichend genutzt. Die beiden Angelpunkte zur energetischen Mobilisierung sind: einerseits Dialogprozesse, die emotional etwas bewegen (z. B. mit dem Vorstand inhaltlich an Zukunftsbildern arbeiten, unterschiedliche Interessengruppen in einem Workshop diskutieren lassen und die Gruppendynamik nutzen), und andererseits das Lösen von Blockaden. Das kann bedeuten, sinnlose Regelwerke über Bord zu werfen, bestimmte Meetings zu verändern oder aber auch eine Führungskraft, die permanent Sand ins Getriebe streut, zu entfernen. Die richtigen Barrieren zu beseitigen wirkt oft Wunder und bringt Energie in Fluss.

3. Architektur und Roadmaps entwickeln

Veränderung braucht Orientierung und stabile Elemente. Landkarten oder Change-Architekturen helfen, Sicherheit im Vorgehen und damit Orientierung zu geben. In welcher Phase, in welchen Strukturen laufen die Prozesse? Welche Kommunikationselemente gibt es? Wie wird gesteuert, wie wird entschieden? Wo werden Interessen ausgehandelt? Beim Hausbau nutzen Bauherren das Know-how von Architekten. Beim Management von Veränderungen schlüpfen Berater in diese Rolle und bringen das Know-how ein, mit dem soziale Architekturen entstehen.

210
4. Fachliches Know-how und Werkzeuge richtig einsetzen

„Wer nur einen Hammer kennt, für den ist jedes Problem ein Nagel." Also wird ein richtiger Werkzeugkoffer benötigt. In Veränderungsprozessen braucht es die richtigen Fachkenntnisse und einfache Werkzeuge, um von der Konzeption ins Tun zu kommen. Ob es sich um Vorgehens-Checklisten, Musterauswertungen, Excel-Sheets, Workshop-Drehbücher, Analysefragen oder Ähnliches handelt – wenn die Werkzeuge zum Kontext passen, helfen sie, die Wirkung zu steigern. Berater müssen in der Lage sein, ihre Werkzeugkisten zu öffnen, den Kunden Teile daraus anzubieten und sie bei der Handhabung zu unterstützen. Im Gegensatz zum Handwerker geht dieses Werkzeug dann aber in den Besitz des Kunden über – nur dann hilft es im laufenden Managementbetrieb.

5. Gemeinsame Sache machen

Es geht um die Sache. Es geht um das, was erreicht werden soll, und es geht um das Gemeinsame. Wie in jeder guten Beziehung gibt es Ups and Downs. Auch CoCreation-Beratung gelingt selten ohne Krise. Doch auch kritische Erfahrungen werden geteilt. Im Unternehmen gehört der Erfolg den Managern. Die Berater bleiben im Hintergrund. Aber beide wissen genau: Nur gemeinsam sind Entwicklungen möglich. Manchmal kommt die Erfolgsstory erst nach Jahren an die Oberfläche.

Zur weiterführenden fachlichen Vertiefung empfehlen wir Ihnen folgende Bücher, die auch uns wichtige Impulse für unsere Veränderungsprozesse geliefert haben.

1. Change Management:
   Den Unternehmenswandel gestalten
   Klaus Doppler, Christoph Lauterburg

2. Dance of Change:
   The Challenges of Sustaining Momentum in
   Learning Organizations
   Peter Senge

3. Prozessberatung für die Organisation der Zukunft:
   Der Aufbau einer helfenden Beziehung
   Edgar H. Schein

4. Bilder der Organisation
   Gareth Morgan

5. Systemische Intervention:
   Architekturen und Designs für Berater und
   Veränderungsmanager
   Roswita Königswieser, Alexander Exner

6. OE-Prozesse initiieren und gestalten
   Walter Häfele

7. Systemtheorie I – III
   Helmut Willke

8. Leading Change
   John P. Kotter

9. Theory U: Von der Zukunft her führen:
   Presencing als soziale Technik
   C. Otto Scharmer

10. Professionelle Prozessberatung:
    Das Trigon-Modell der sieben OE-Basisprozesse
    Friedrich Glasl, Trude Kalcher, Hannes Piber

11. Radikale Marktwirtschaft:
    Grundlagen des systemischen Managements
    Fritz B. Simon

12. Managing Transitions:
    Making the Most of Change
    William Bridges

13. Zwischen Organismus und Organisation.
    Wegweiser und Modelle für Berater und Führungskräfte
    Waldefried Pechtl

14. Large Group Interventions.
    Engaging the Whole System for Rapid Change
    Barbara Benedict Bunker, Billie T. Alban

Much Unterleitner

Cartoonist, lebt in Wien und Tirol, Mitarbeit bei diversen
Zeitschriften sowie einige Buchveröffentlichungen

Die Berater der ICG Integrated Consulting Group haben ihre langjährige Beratungserfahrung aus hunderten Change-Prozessen ausgewertet. Sie erlebten Manager, die gescheitert sind, ebenso wie Führungskräfte, die große Change-Herausforderungen besonders gut gemeistert haben. Die Autoren arbeiten in einer Gruppe von 80 Beratern in Österreich, Deutschland, Ungarn und Südosteuropa als Sparringspartner, Coach, Begleiter und Impulsgeber beim Management von Veränderungen. Ihr Erfahrungsschatz umfasst die Tätigkeiten in internationalen Konzernen, öffentlichen Organisationen und Familienunternehmen.

Ihre Beratungsschwerpunkte – Strategieentwicklung, Organisationsgestaltung, Unternehmenssteuerung, Innovationsmanagement und Führungskräfteentwicklung – spiegeln die Welt der „hard and soft facts" im Organisationsalltag wider. Sozialkompetenz, systemisches Prozessverständnis und das Umgehen mit psychosozialen Prozessen sind die Basis ihrer täglichen Arbeit.

Mit Beiträgen von

1 Klaus Birklbauer **2** Dietmar Bodingbauer **3** Hans Bodingbauer **4** Georg Brandner **5** Bruno Burkart **6** Hubert Dolleschall **7** Eva Grieshuber **8** Norbert Herbst **9** Manfred Höfler **10** Michael Kempf **11** István Kosztolányi **12** Günter Kradischnig **13** Frank Kühn **14** Dieter Marth **15** Andreas Pölzl **16** Stefan Posch **17** Perttu Salovaara **19** Franz Schwarenthorer **20** Mischa Skribot **21** Andrea Sutter **23** Marina Zubcic

Das Herausgeberteam

9 Manfred Höfler
2 Dietmar Bodingbauer
6 Hubert Dolleschall
19 Franz Schwarenthorer
18 Karin Schafler (Redaktion)
22 Gabi Wurzer (Grafik und Layout)

Wenn ich mein Leben noch einmal leben könnte

Im nächsten Leben würde ich versuchen, mehr Fehler zu machen.

Ich würde nicht so perfekt sein wollen, ich würde mich mehr entspannen.

Ich wäre ein bisschen verrückter, als ich es gewesen bin.

Ich würde viel weniger Dinge so ernst nehmen. Ich würde nicht so gesund leben.

Ich würde mehr riskieren, würde mehr reisen, Sonnenuntergänge betrachten,

mehr bergsteigen, mehr in Flüssen schwimmen.

Ich war einer dieser klugen Menschen, die jede Minute ihres Lebens fruchtbar verbrachten;

freilich hatte ich auch Momente der Freude, aber wenn ich noch einmal anfangen könnte,

würde ich versuchen, nur mehr gute Augenblicke zu haben.

Falls du es noch nicht weißt, aus diesen besteht nämlich das Leben;

nur aus Augenblicken; vergiss nicht den jetzigen.

Wenn ich noch einmal leben könnte, würde ich von Frühlingsbeginn an bis

in den Spätherbst hinein barfuß gehen.

Und ich würde mehr mit Kindern spielen, wenn ich das Leben noch vor mir hätte.

Aber sehen Sie … ich bin 85 Jahre alt und weiß, dass ich bald sterben werde.

(Jorge Luis Borges)

© ICG